●科学のアルバム

カマキリのかんさつ

栗林 慧

あかね書房

*もくじ

構《こう》　成《せい》／七尾《なな》《お》　純《じゅん》
イラスト／森《もり》上《うえ》義《よし》孝《たか》
渡《わた》辺《なべ》洋《よう》二《じ》

栗林《くりばやし》　慧《さとし》先生

一九三九年《ねん》、中国大陸にうまれる。

少年時代より動植物の生活に興味《きょうみ》をもち、写真を志《こころざ》し、現在《げんざい》フリーの生物生態《せいたい》写真家として、ユニークな作品を発表している。

特に、昆虫《こんちゅう》の行動している姿《すがた》を追《お》って写すのを得意《とくい》とする。

おもな著書《ちょしょ》に「原色生態アリの図鑑《ずかん》」（明《めい》玄《げん》書房）、「アリの世界」「ミツバチのふしぎ」「クモのひみつ」（あかね書房）、写真集「光の五線譜《ごせんふ》１・２」（共著）などがある。

現在、日本写真家協会《きょうかい》（ＪＰＳ）会員、ネーチャーフォトスタジオ（ＮＰＳ）メンバー。

現住所　長崎県北松浦郡田平町下寺免751

わたしは長年《ながねん》、昆虫《こんちゅう》の生活《せいかつ》をおいかけているカメラマン。オオカマキリの一生《いっしょう》を、写真《しゃしん》にとりつづけました。

いろいろなことがわかりました。でも、いろいろななぞもでてきました。

↑あたたかい春《はる》をむかえたオオカマキリの卵《らん》のう。卵《らん》のうの中《なか》では，すでに，幼虫《ようちゅう》がたんじょうするための変化《へんか》がはじまっている。

←卵《らん》のうの中《なか》の前幼虫《ぜんようちゅう》。たまごは，幼虫《ようちゅう》のうまれる１か月《げつ》ぐらい前《まえ》から，少《すこ》しずつ前幼虫《ぜんようちゅう》に変化《へんか》する。

↓卵《らん》のうの中《なか》のたまご。ひとつの卵《らん》のうには，200個《こ》ほどのたまごがはいっている。たまごの長《なが》さは約《やく》6㎜。

みつけたオオカマキリの卵《らん》のう

四月《がつ》のおわり、わたしは、野山《のやま》をあるいていて、小《こ》えだにうみつけられたオオカマキリの卵《らん》のうをみつけました。

かたいあわのかべでつつまれて、冬《ふゆ》のきびしい寒《さむ》さからまもられてきたたまごが、この卵《らん》のうの中《なか》で成長《せいちょう》をはじめているのだろうか……。

もうたまごではなく、前幼虫《ぜんようちゅう》とよばれるすがたになって、じっとうまれる日《ひ》をまっているのだろうか……。

わたしは、卵《らん》のうを小《こ》えだごとおって、家《いえ》にもちかえり、オオカマキリのたんじようをかんさつすることにしました。

➡卵《らん》のうからうまれでる幼虫《ようちゅう》。うまれでたばかりの幼虫《ようちゅう》は，まだからだぜんたいがうすいまくでつつまれており，前幼虫《ぜんようちゅう》とよぶ。

⬅前幼虫《ぜんようちゅう》は，からだをエビのようにさかんにくねらせながら，つぎつぎに卵《らん》のうからでてくる。やがて，尾《お》のはしからでてくるほそい糸《いと》をのばしてぶらさがる。

黒《くろ》い目《め》の前幼虫《ぜんようちゅう》たんじょう

五月二十日《がつはつか》、よくはれた風《かぜ》のない日《ひ》でした。午前《ごぜん》十時《じ》三十分《ぷん》ごろ、卵《らん》のうの中《なか》ほどから、前幼虫《ぜんようちゅう》のつるつるした頭《あたま》が、にゅーっとでてきました。あちらからもこちらからも、ほそながいからだが、しぼりだされるようにでてきました。

いよいよオオカマキリのたんじょうです。からだを上下《じょうげ》にくねらせ、いっしょうけんめい卵《らん》のうからぬけでてきます。

前幼虫《ぜんようちゅう》の目《め》は、黒《くろ》っぽい色《いろ》です。うまれたばかりなのに、もう目《め》がみえるのだろうか。首《くび》をしきりにうごかしながら、あたりをうかがっています。

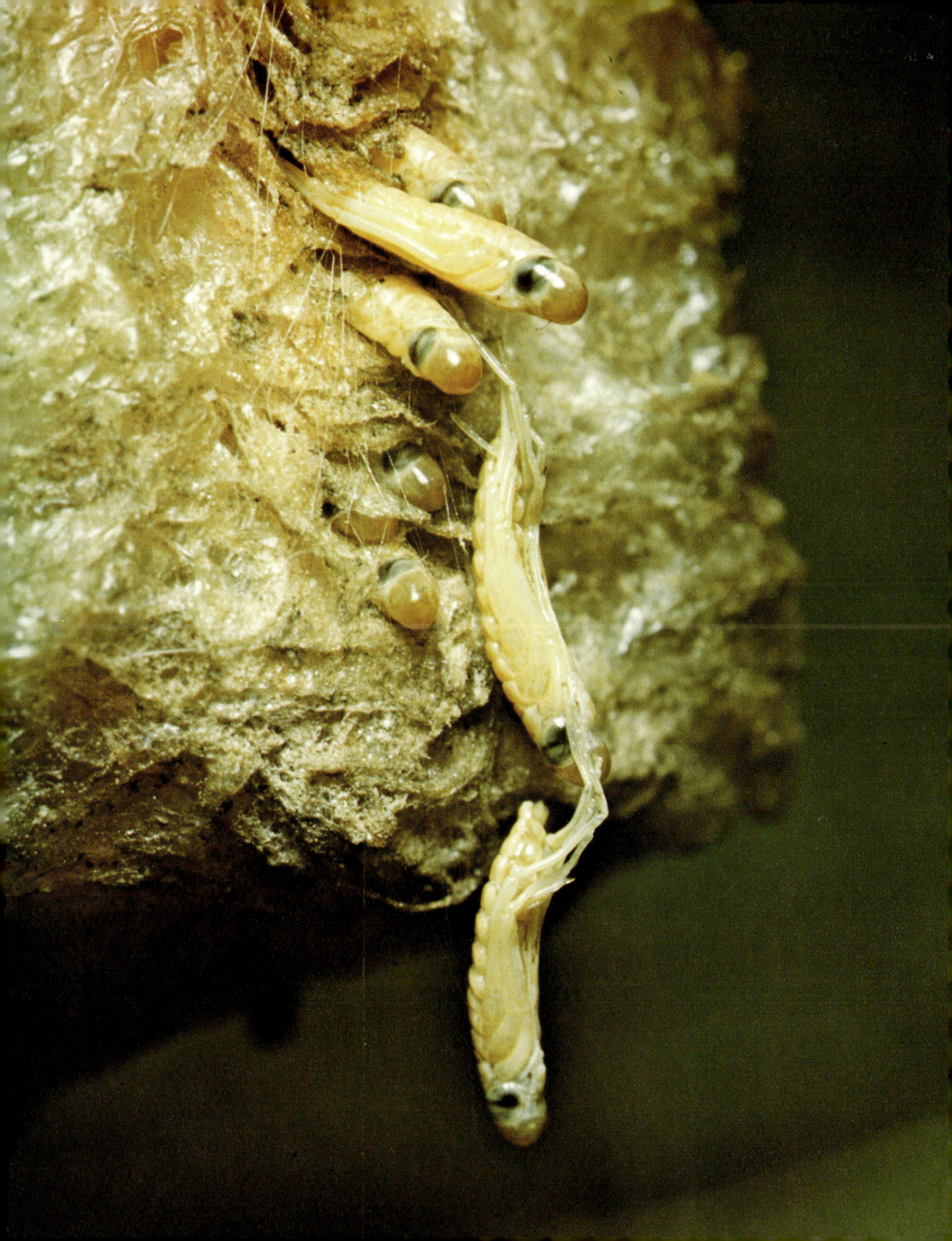

糸《いと》にぶらさがりながら，脱皮《だっぴ》をはじめた前幼虫《ぜんようちゅう》２ひき。

脱皮《だっぴ》をはじめて15秒《びょう》。からだをさかんによじる。

30秒後《びょうご》，右《みぎ》の幼虫《ようちゅう》は，ほとんど脱皮《だっぴ》がおわった。

はじめての皮《かわ》ぬぎ、幼虫《ようちゅう》になる

卵《らん》のうからでてきた前幼虫《ぜんようちゅう》は、そのまま地面《じめん》におちるのだろうか？　みていると、すぐにおしりからほそい糸《いと》をのばし、すーっと下《した》へぶらさがりました。

　でも、この糸《いと》はクモの糸《いと》とちがって、じゆうにながくのびる糸《いと》ではありません。せいぜい五センチぐらいのながさです。

　よくみると、前幼虫《ぜんようちゅう》の手《て》も足《あし》も触角《しょっかく》も、からだにぴったりついたままです。それは、前幼虫《ぜんようちゅう》のからだぜんたいが、うすい皮《かわ》のふくろでつつまれているからです。

　やがて、前幼虫《ぜんようちゅう》は、糸《いと》にぶらさがったまま、さかんにからだをうごかし、皮《かわ》を

⬇先《さき》に脱皮《だっぴ》をおえた右《みぎ》の幼虫《ようちゅう》は，ぬけがらや，ぶらさがっていたときの糸《いと》を足場《あしば》にして，そろそろと上《うえ》の方《ほう》へのぼっていく。

⬆40秒後《びょうご》，脱皮《だっぴ》がおわり，このまましばらくやすむ。

ぬぎすてて、幼虫《ようちゅう》になりました。

幼虫《ようちゅう》は、じゆうになった手足《てあし》をつかい、つづいてうまれてくるなかまをのりこえ、さらに糸《いと》や卵《らん》のうをつたって、小《こ》えだにうつっていきました。

うまれてまもない幼虫《ようちゅう》は、まだ手足《てあし》の力《ちから》が弱《よわ》いのでしょう。きゅうに強《つよ》い風《かぜ》でもふくと、足《あし》をすべらせて、ぱらぱらとなんびきも地面《じめん》におちました。

そのときです。まちかまえていたようにカナヘビがとびだしてきて、たちまちのうちに幼虫《ようちゅう》はたべられてしまいました。なかには、自分《じぶん》のからだよりも小《ちい》さいアリに、ずるずるとひきずられていってしまうものもいました。

ひとつの卵《らん》のうから、二百《ひゃっ》ぴきもの幼虫《ようちゅう》がうまれながら、その半分《はんぶん》は、こうして死《し》んでしまいます。

← 卵《らん》のうから、つぎつぎにうまれでた幼虫《ようちゅう》。みんなしりからだしたじょうぶな糸《いと》で卵《らん》のうにくっついている。先《さき》にうまれた幼虫《ようちゅう》は、すでに脱皮《だっぴ》がおわり、まだ脱皮《だっぴ》中《ちゅう》のなかまのからだや糸《いと》をつたって、上《うえ》へのぼりはじめている。

↑カナヘビにつかまった幼虫《ようちゅう》。その場《ば》ですぐにたべられてしまった。

↑クロヤマアリにつかまった幼虫《ようちゅう》。巣《す》の中《なか》にはこばれて，えさにされた。

←葉《は》の上《うえ》で，ハエトリグモにつかまった幼虫《ようちゅう》。ハエトリグモは草《くさ》や木《き》の上《うえ》にすんでいるえものをみつけると，すばやくとびかかる。するどいきばでつかまえて，えもののしるをすう。

↑うまれてまもない幼虫《ようちゅう》は，まだうまれた場所《ばしょ》からとおくへいかず，からだがじょうぶになるまでふきんでじっとまつ。

アブラムシをとらえてたべている幼《よう》虫《ちゅう》。前足《まえあし》のかまでつかんでたべる。

雨《あめ》の中《なか》で，ぬれた手足《てあし》をそうじしている幼虫《ようちゅう》。

はじめてとったえもの

うまれたばかりのときは、黄色《きいろ》かった幼虫《ようちゅう》のからだも、二〜三日《にち》たつうちに、だんだんうす茶色《ちゃいろ》にかわってきました。

幼虫《ようちゅう》たちは、みんなうまれでた卵《らん》のうのちかくの草《くさ》や木《き》の上《うえ》にいます。

五月二十四日《か》、幼虫《ようちゅう》たちは、うまれた場所《ばしょ》から少《すこ》しずつはなれ、なかまともわかれて、えさをさがしはじめました。

どんなものをとらえるんだろう？ そっと、カメラをかまえていると……。

小《ちい》さな幼虫《ようちゅう》が、はじめてとらえたえものは、草《くさ》のくきについていたアブラムシでした。

➡四回目《かいめ》の脱皮《だっぴ》をしている幼虫《ようちゅう》。頭《あたま》と背《せ》中《なか》がぬけて、つづいて前足《まえあし》と触角《しょっかく》がぬけようとしているところ。

⬅脱皮《だっぴ》をはじめて約《やく》五分《ふん》。完全《かんぜん》に古《ふる》い皮《かわ》からぬけでた幼虫《ようちゅう》。脱皮《だっぴ》するたびに、からだは大《おお》きくなっていく。

幼虫《ようちゅう》の成長《せいちょう》

六月《がつ》十二日《にち》、午前《ごぜん》十一時《じ》ごろ、脱皮《だっぴ》をしている幼虫《ようちゅう》をみつけました。

オオカマキリも、バッタやコオロギとおなじように、大《おお》きくなるためには脱皮《だっぴ》をして、古《ふる》い皮《かわ》をぬぎすてなければなりません。ふつう六～七回《かい》脱皮《だっぴ》をします。

脱皮《だっぴ》をくりかえしていくうちに、うす茶色《ちゃいろ》だったからだの色《いろ》が、だんだんきれいなみどり色《いろ》にかわってきました。

からだの色《いろ》の変化《へんか》は、カマキリにとって、たいへんつごうのいいことです。草《くさ》の色《いろ》にまぎれて、えものに気《き》づかれずにちかづくことができるのですから。

ふんをしている幼虫《ようちゅう》。幼虫《ようちゅう》は草《くさ》とおなじ色《いろ》をしているので，なかなかわからない。

幼虫《ようちゅう》はおどろくと，草《くさ》のなかで死《し》んだようにじっとして身《み》をかくす。

みどり色《いろ》のからだは、野鳥《やちょう》やトカゲなど、てきの目《め》をあざむくのにもやくだっています。きけんがせまると、草《くさ》にぴったりとからだをよせて、死《し》んだようにうごきません。まるで、草《くさ》の中《なか》にとけこんでしまったようです。

六月《がつ》三十日《にち》、ずいぶん大《おお》きくなったカマキリをみつけました。

成虫《せいちゅう》かな？　ちかづいてからだをよくしらべてみました。背中《せなか》には、まだながい羽《はね》がなく、四枚《まい》の小《ち》さな羽《はね》のようなものがついていました。

これは、もう一度《ど》脱皮《だっぴ》をすると成虫《せいちゅう》になる、最後《さいご》の幼虫《ようちゅう》のすがたです。

⬆うまれてから６回《かい》脱皮《だっぴ》をした終令幼虫《しゅうれいようちゅう》。あと一度《ど》皮《かわ》ぬぎをすれば成虫《せいちゅう》だ。成虫《せいちゅう》になる前《まえ》には，成虫《せいちゅう》のときの羽《はね》をおさめた部分《ぶぶん》が背中《せなか》にあらわれる。中心《ちゅうしん》をはしる線《せん》は，脱皮《だっぴ》や羽化《うか》のとき，最初《さいしょ》にわれて，からだがでてくる部分《ぶぶん》。

⬆夜《よる》の目《め》。くらくなると複眼《ふくがん》の中《なか》の色素《しきそ》が表面《ひょうめん》にあつまって黒《くろ》っぽくなる。

⬆オオカマキリの昼《ひる》の目《め》。大《おお》きな複眼《ふくがん》と3個《こ》の小《ちい》さな単眼《たんがん》をもっている。

カマキリは夜《よる》でも目《め》がみえる？

七月《がつ》十日《か》夜《よる》、スズメガが花《はな》のみつをすいにくるところを写真《しゃしん》にとろうとおもって、うすくらやみの中《なか》で、じっと息《いき》をこらしてまっていました。

やがて、スズメガが花《はな》の前《まえ》までとんできましたが、そのとき、とつぜんスズメガのすがたがきえてしまいました。ふしぎにおもい電燈《でんとう》をつけてみると、花《はな》の上《うえ》でオオカマキリの幼虫《ようちゅう》が黒《くろ》い目《め》をひからせて、がっちりスズメガをとらえているではありませんか。

こうして、カマキリが昼《ひる》だけでなく、夜《よる》も活動《かつどう》していることがわかりました。

➡フロックスの花《はな》のみつをすうキイロスズメ。ながい口《くち》をのばし，とびながら空中《くうちゅう》でとまって，みつをすう。ほとんどのガは夜活《よるかつ》動《どう》する。

⬇夜《よる》，花《はな》の上《うえ》でまちぶせして，とんできたスズメガをつかまえたオオカマキリの終令幼虫《しゅうれいようちゅう》。幼虫《ようちゅう》はからだが大《おお》きくなるにつれて，だんだん大《おお》きなえものをねらうようになる。

➡木《き》のえだにとまって，じっと羽《う》化《か》のときをまつ終令幼虫《しゅうれいようちゅう》。成虫《せいちゅう》になるときに，のびてでる羽《はね》をおさめた部分《ぶぶん》がふくらんで，中《なか》の羽《はね》のもようがわずかにわかる。

⬅羽化《うか》の順序《じゅんじょ》。①背中《せなか》がわれて，上半身《じょうはんしん》がでてくる。②足《あし》がぜんぶでる。③からだを大《おお》きくそらせて，からから完全《かんぜん》にぬけきる。④むきを反対《はんたい》にかえて，羽《はね》をのばしはじめる。⑤羽《はね》がのびきる。⑥からだの色《いろ》が，あわい色《いろ》からだんだんこい色《いろ》にかわってくる。

最後《さいご》の脱皮《だっぴ》・羽化《うか》

八月《がつ》十五日《にち》、いよいよ成虫《せいちゅう》になるときがきたようです。

幼虫《ようちゅう》は、頭《あたま》を下《した》にむけて、後《うし》ろの四本《ほん》の足《あし》で、木《き》のえだにしっかりつかまり、そのままじっとうごかなくなりました。

でも、なにかうごくものがみえると、顔《かお》だけはその方《ほう》へむけて、きけんがないかをさぐっているようです。

うごかなくなってからまる一日《にち》がすぎた八月《がつ》十六日《にち》の夕方《ゆうがた》七時《じ》、やっと羽化《うか》がはじまりました。

背中《せなか》がわれはじめてから、羽《はね》が完全《かんぜん》にのびきるまでに、約《やく》二時間《じかん》かかりました。

①

②

③

④

⑤

⑥

➡えものをさがして，アサガオの葉《は》の上《うえ》をしのび足《あし》であるくオオカマキリ。カマキリがいるのにも気《き》づかないでとんでくる虫《むし》が，カマキリのえじきにされてしまう。

⬅前足《まえあし》のかまのよごれをそうじするカマキリ。前足《まえあし》は，おもにえものをとらえるためのもので，内側《うちがわ》にはするどいとげがいくつもついている。たいせつな武器《ぶき》なので，いつも手入《てい》れをおこたらない。

りっぱな成虫《せいちゅう》に

羽化《うか》したばかりの成虫《せいちゅう》のからだは、まだやわらかく、羽《はね》はあわい色《いろ》です。

数時間《すうじかん》するうちに、からだぜんたいのみどり色《いろ》がこくなってきますが、まだとべず、たたかう力《ちから》もありません。

もし、羽化《うか》が昼《ひる》おこなわれたら、アリやアシナガバチなどの肉食《にくしょく》の昆虫《こんちゅう》にみつかって、たちまちのうちにくいちぎられてしまうことでしょう。

羽化《うか》からまる一日《にち》たって、からだがかたくなり、完全《かんぜん》な成虫《せいちゅう》になりました。成《せい》虫《ちゅう》になったオオカマキリは、さっそくえものをさがしにでかけます。

➡アザミの花《はな》にやってきた，キタテハをねらうオオカマキリ。かまを少《すこ》しずつだしながらしずかにからだを前《まえ》にかたむけていき，きょりをみさだめると，目《め》にもとまらぬはやさでかまをだしてつかまえる。

⬅えものをつかまえたあと，手《て》ごたえをたしかめるように，少《すこ》しのあいだじっとしているが，やがてたべはじめる。えものは，ほとんど頭《あたま》の方《ほう》からたべていく。

カマキリはギャング?

花《はな》のそばに、すーっとたつカマキリのすがた。葉《は》の一枚《まい》になりきったように、風《かぜ》とともにゆれうごき、目《め》にもとまらぬはやさでかまをふりおろすすばやさは、まるでにんじゃの

ようです。
またカマキリは、頭《あたま》を右《みぎ》や左《ひだり》にじゆうにうごかしてものをみることができます。おなかから上《うえ》をねじって、横《よこ》をむくこともできます。
こんなにすばやく器《き》用《よう》なカマキリも、セセリチョウをつかまえるときは、しっぱいのくりかえしでした。セセリチョウは、カマキリのうごきをいちはやくかんじとって、さっとにげてしまうのです。
カメラをむけてから三時《じ》間《かん》目《め》、オオカマキリはやっとセセリチョウをつかまえました。

➡カマキリは頭《あたま》をじゆうにうごかせる。さらに上体《じょうたい》をねじって横《よこ》へむけることもできる。これらの動作《どうさ》が，あまり移動《いどう》せずにえものをとらえるのにやくだつ。(写真《しゃしん》は分解《ぶんかい》さつえい)

⬅満月《まんげつ》の夜《よる》，セイタカアワダチソウの花《はな》の上《うえ》でじっとえものをまつオオカマキリ。ときどきやってくるガがカマキリのえさになる。

ところで、カマキリは、ほかの昆虫《こんちゅう》たちにとって、ほんとうにたいへんなてきなのでしょうか。

もし地球上《ちきゅうじょう》に、一部《ぶ》の昆虫《こんちゅう》だけがふえすぎたらどうなるでしょうか。たちまちえさはくいつくされてしまい、かえってその昆虫《こんちゅう》がほろびることになります。すると、その昆虫《こんちゅう》をえさにしていたほかの昆虫《こんちゅう》も、またほろびてしまいます。

くったりくわれたりする生物《せいぶつ》のくらしが、じつは、生物《せいぶつ》ぜんたいのバランスをたもつことにやくだっているのです。

➡羽《はね》をひろげてとぶオオカマキリ。カマキリはとぶのはあまりとくいではない。おどろいてにげるときや，場所《ばしょ》をかえるときにとぶ。それも低《ひく》いところから空《そら》へむかってとびあがるようなことはできない。高《たか》い位置《いち》から低《ひく》いところへむかってとぶ。

⬇沖縄地方《おきなわちほう》にすむオオジョロウグモの巣《す》にひっかかってしまったオオカマキリ。おそらくとんでいるうちにひっかかったのだろう。昆虫《こんちゅう》の世界《せかい》では，てきがいないようにおもわれているカマキリにも，このようなおそろしいてきがいる。

➡羽《はね》をひろげてとぶヒメカマキリ。山地《さんち》のしげみの中《なか》にすむ小型《こがた》のカマキリで、体長《たいちょう》は三十～五十ミリ。

日本《にっぽん》にいるカマキリのなかま

オオカマキリのすがたをおいかけているうちに、野山《のやま》でちがう種類《しゅるい》のカマキリをたくさんみつけました。

チョウセンカマキリとコカマキリは、あかるい林《はやし》の中《なか》や草原《そうげん》でみつけました。ハラビロカマキリは、低《ひく》い木《き》のえだでみつけました。ヒメカマキリは、山《やま》の中《なか》のふとい木《き》のみきでみつけました。

ウスバカマキリは草原《そうげん》に、ヒナカマキリは、林《はやし》の中《なか》のおち葉《ば》の上《うえ》などにいるといわれていますが、その数《かず》が少《すく》ないためか、とうとう、一ぴきもみつけることができませんでした。

カマキリのいろいろ

①コカマキリ。体長《たいちょう》45～65㎜。前足《まえあし》の内側《うちがわ》に黒《くろ》むらさき色《いろ》の帯《おび》がある。②ハラビロカマキリ。体長《たいちょう》50～70㎜。からだがふとく，多《おお》くは木《き》の上《うえ》で生活《せいかつ》をする。③カマキリ（チョウセンカマキリ）。体長《たいちょう》60～80㎜。水田《すいでん》や草原《そうげん》に多《おお》い。図《ず》の右《みぎ》は，ウスバカマキリ。体長《たいちょう》45～65㎜。色《いろ》はうすみどり色《いろ》をしている。図《ず》の左《ひだり》は，ヒナカマキリ。体長《たいちょう》18～21㎜。とても小型《こがた》のカマキリで，めすには羽《はね》がない。

➡交尾《こうび》をしているオオカマキリ。上《うえ》がおすで下《した》がめす。おすはめすのからだにしがみつき，めすのおそろしいかまにつかまらないようにけいかいしながら交尾《こうび》をする。

⬅おすはめすにちかづくときや交尾《こうび》のとちゅうで，うっかりするとつかまってたべられてしまうことがある。しかしこのようなことはめったにみられなかった。おすは交尾《こうび》がおわると，やがて死《し》んでいく。

いのちがけの交尾《こうび》

八月《がつ》二十八日《にち》、草《くさ》の上《うえ》でオオカマキリのおすが、前方《ぜんぽう》をじっとみつめたままゆっくりあるいていきます。その五十センチメートルほど先《さき》に、めすのオオカマキリがいたのです。

カマキリは、うごくものはなんでもえものとおもってとびかかります。なかまのおすでも、うっかりするとからだの大《おお》きいめすにたべられてしまいます。

そろそろと、めすに気《き》づかれないようにちかづいていったおすは、めすのすぐそばまでくると、さっと背中《せなか》にとびのりました。交尾《こうび》をはじめたのです。

➡ アシナガバチをたべているオオカマキリのめす。交尾《こうび》をおわってしばらくは，いままでよりもえものをとる量《りょう》が多《おお》くなる。

➡ 秋《あき》の花《はな》がさく草原《そうげん》を，大《おお》きなおなかをかかえて，たまごをうむ場所《ばしょ》をさがすオオカマキリのめす。

おもいからだをひきずって

九月《がつ》二十日《か》、草原《そうげん》にすずしい秋風《あきかぜ》がふきはじめました。おすのすがたは、もうどこにもみあたりませんでした。あちこちに、おなかが大《おお》きくふくらんだめすのすがたが目《め》につきます。

交尾《こうび》がおわってしばらくは、前《まえ》にもましてえものをむさぼりくっていたのに、このごろはめったにえものもとりません。

めすは、大《おお》きくふくらんだおなかをひきずるようにして、草原《そうげん》をのろのろあるいていきます。

きっと、おなかの中《なか》には、いっぱいたまごがはいっているでしょう。

↑夕《ゆう》ぐれのマツの木《き》にたまごをうみつけているハラビロカマキリ。

↑産卵部分《さんらんぶぶん》をかく大《だい》してみた。白《しろ》いクリームのようなあわは，やがてかたくなって，中《なか》のたまごをまもるやくめをする。

➡産卵中《さんらんちゅう》のめす。シュークリームのからのような卵《らん》のうができていく。1個《こ》の卵《らん》のうに， 200個《こ》ちかいたまごをうむので，産卵《さんらん》は3時間以上《じかんいじょう》もかかる。

白《しろ》いあわの中《なか》に産卵《さんらん》

十月《がつ》五日《か》、草《くさ》やぶの小《ちい》さな木《き》に、はちきれそうなおなかのオオカマキリのめすが、頭《あたま》を下《した》にむけて、じっととまっていました。

いよいよ産卵《さんらん》かなとおもってみていると、やがておしりの先《さき》から、クリームのようなねばねばした、白《しろ》い液《えき》をだしはじめました。

白《しろ》い液《えき》を、とまっている木《き》にくっつけると、こんどはゆっくりと、おしりでこねて、あわだてはじめました。このあわの中《なか》に、たまごをうみつけているのです。

➡水《みず》におちて，力《ちから》つきて死《し》んでしまったコカマキリ。カマキリは，およげない。
⬇いのちがつきて，しずかに死《し》んでいったカマキリの死《し》がい。

卵《らん》のうをのこして、オオカマキリの死《し》

三時《じ》間《かん》ほどかかってたまごをうみおわったオオカマキリのめすは、力《ちから》をだしつくしてしまったのか、元《げん》気《き》がありません。

ほとんどあるきまわることもなく、草《くさ》やぶの中《なか》で、ただじっとしています。それでも、ちかくにほかの昆《こん》虫《ちゅう》がやってくると、顔《かお》だけはその方《ほう》へむけます。

それから一週《しゅう》間《かん》たった十月《がつ》十二日《にち》、もう一度《ど》その場《ば》所《しょ》にいってみました。

草《くさ》をかきわける足《あし》音《おと》にもざわめきにも、めすは少《すこ》しもうごきません。指《ゆび》で、そっとつついてみました。オオカマキリのめすは、いつのまにか死《し》んでいたのです。

⬇セイタカアワダチソウのしげみの中《なか》で，冬《ふゆ》をむかえるオオカマキリの卵《らん》のう。風《かぜ》でたおれ，雨《あめ》にぬれても，中《なか》のたまごはじょうぶにまもられていてきずつかない。

草原《そうげん》は、すっかり雪《ゆき》にとざされて、もうどこにもオオカマキリのすがたはありません。

でも、オオカマキリはほろびません。たくさんのたまごが、卵《らん》のうにつつまれて、春《はる》のめざめをまっているのですから。

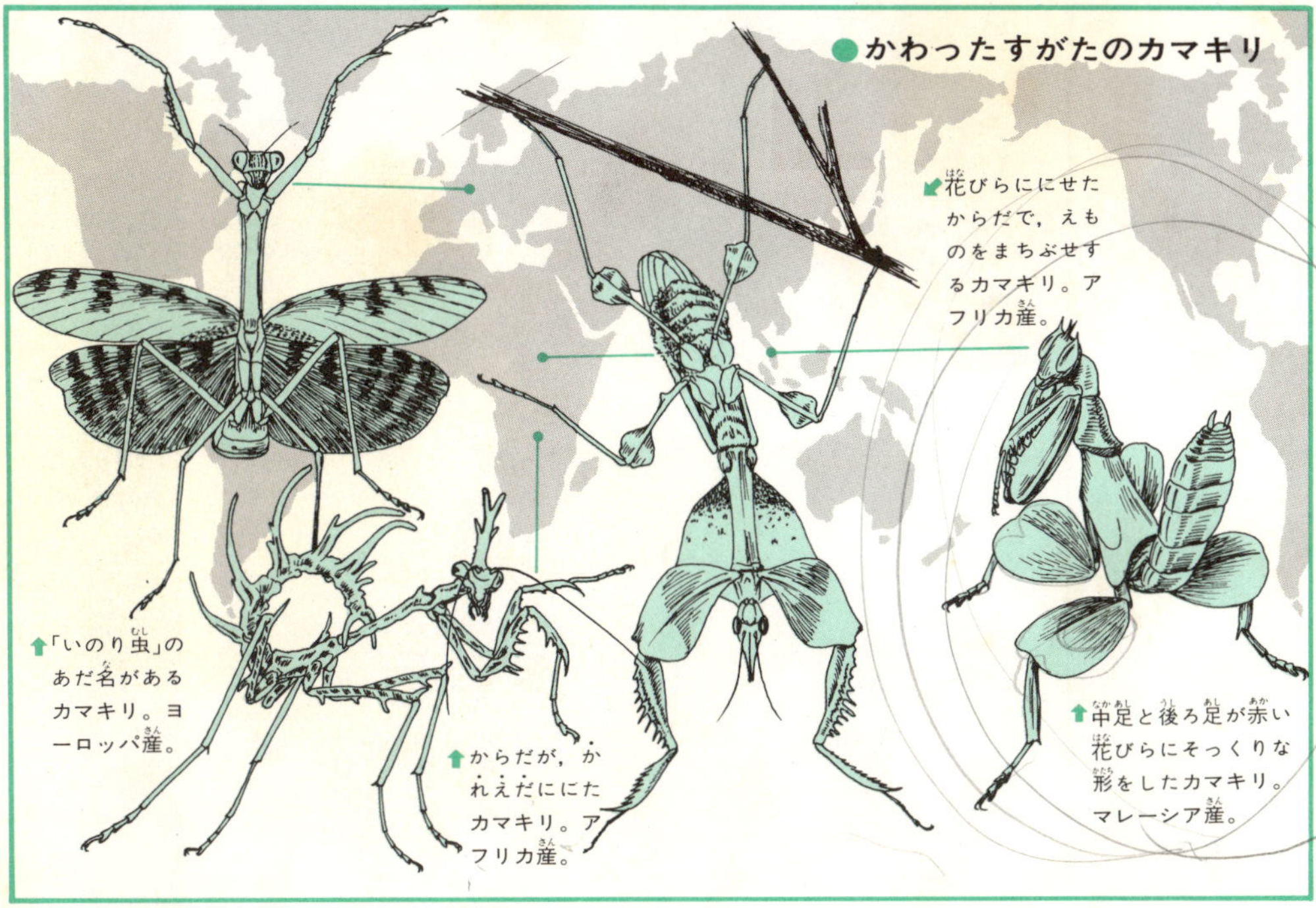

●かわったすがたのカマキリ

「いのり虫《むし》」のあだ名《な》があるカマキリ。ヨーロッパ産《さん》。

からだが，かれえだににたカマキリ。アフリカ産《さん》。

花《はな》びらににせたからだで，えものをまちぶせするカマキリ。アフリカ産《さん》。

中足《なかあし》と後《うし》ろ足《あし》が赤《あか》い花《はな》びらにそっくりな形《かたち》をしたカマキリ。マレーシア産《さん》。

＊カマキリの分布《ぶんぷ》

カマキリのなかまは、世界中《せかいじゅう》に千《せん》八百《ぴゃく》種類《しゅるい》ぐらいいるといわれていますが、ほとんどのものが、熱帯《ねったい》や亜熱帯《あねったい》のあたたかい地方《ちほう》にすんでいます。

日本《にっぽん》でも、南《みなみ》の沖縄《おきなわ》から北《きた》の北海道《ほっかいどう》まで、いろいろな種類《しゅるい》のカマキリがすんでいますが、関東地方《かんとうちほう》から南《みなみ》の方《ほう》に多《おお》くすんでいて、北《きた》にいくにしたがって少《すく》なくなります。

北海道《ほっかいどう》では、オオカマキリがいるといわれていますが、その数《かず》はたいへん少《すく》なく、めったにみることはできません。

アフリカやマレーシアにいるカマキリには、たいへんかわったすがたをしたものがいます。まるで木《き》のえだにそっくりのものや、美《うつく》しい花《はな》ににせた色《いろ》のあざやかなカマキリなどです。

しかし、日本《にっぽん》にいるカマキリには、とくにかわったすがたをしたカマキリはいません。

＊カマキリの卵《らん》のう

●かわった場所《ばしょ》にうみつけられたコカマキリの卵《らん》のう

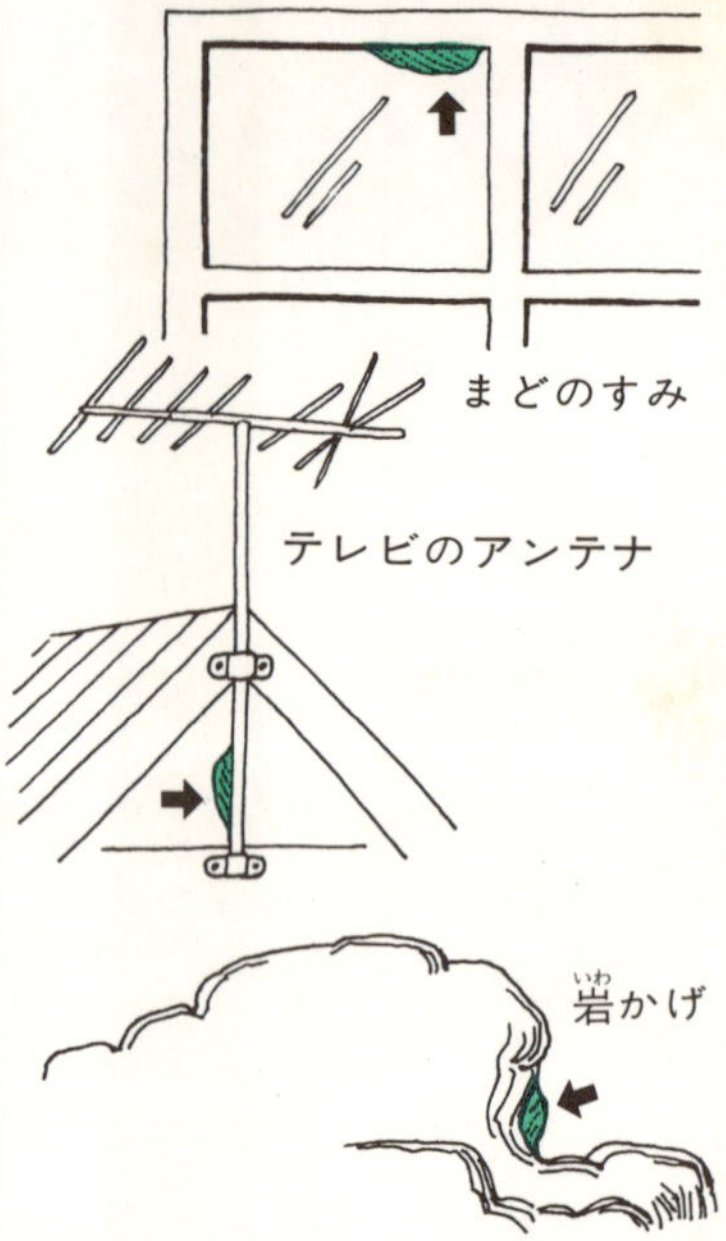

⬆卵《らん》のうのいろいろ。左《ひだり》からハラビロカマキリ，チョウセンカマキリ，オオカマキリ，コカマキリ。

カマキリは種類《しゅるい》によって、たまごをうむ場所《ばしょ》がきまっています。たまごは、卵《らん》のうとよばれるあわのかたまりにつつまれています。

オオカマキリは、ほそい木《き》のえだやススキ、タケ、草《くさ》のくきなどにたまごをうみます。卵《らん》のうは、ふわふわしたかんじの丸型《まるがた》です。

チョウセンカマキリやハラビロカマキリは、木《き》のえだのほかに、ふとい木《き》のみきによくうみつけます。チョウセンカマキリの卵《らん》のうは、ほそながく四角《しかく》い形《かたち》です。ハラビロカマキリの卵《らん》のうはこい茶色《ちゃいろ》で、ラグビーボールのような形《かたち》をしていて、かちかちのかたい卵《らん》のうです。

コカマキリは、木《き》のみきにうむこともありますが、多《おお》くは家《いえ》のまわりのかべのすみとか、コンクリートやブロックのへいのすみにうみつけます。卵《らん》のうは、ほそながく両側《りょうがわ》がとがった形《かたち》をしています。

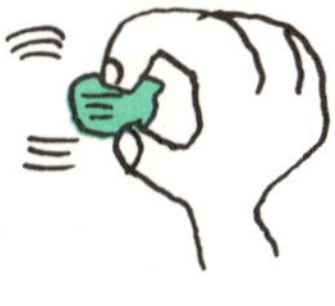

卵《らん》のうのひみつ

　卵《らん》のうの、かたまったあわの中《なか》には、空《くう》気《き》がつまっています。このあわの弾《だん》力《りょく》（はずむ力《ちから》）のおかげで、風《かぜ》がふいて草《くさ》や木《き》が卵《らん》のうにぶつかっても、中《なか》のたまごにはきずがつきません。

　また、あわの中《なか》の空《くう》気《き》は、冬《ふゆ》のつめたい外《そと》の空《くう》気《き》をさえぎるやくめをしています。だから、中《なか》のたまごはこおることがありません。

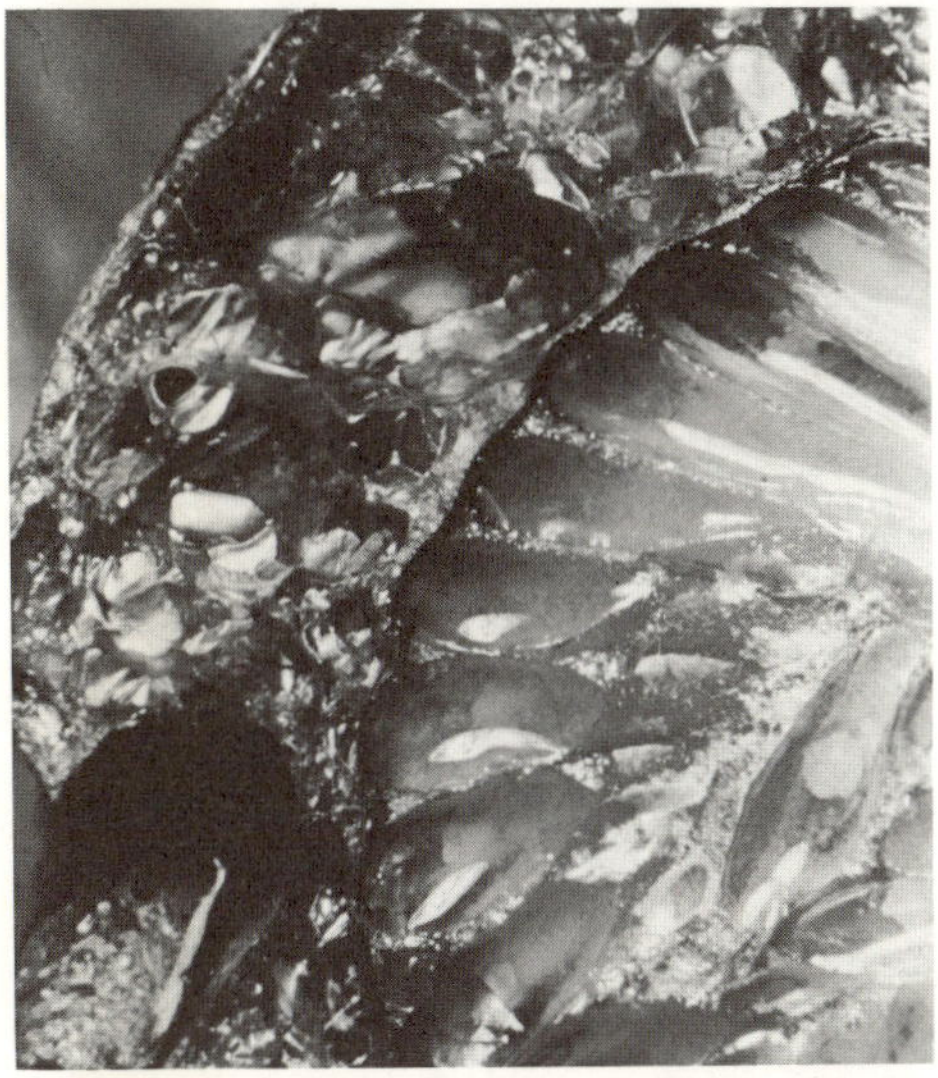

↑オオカマキリの卵《らん》のうの断面《だんめん》。外側《そとがわ》はあわがかたまったものでふわふわしているが，内側《うちがわ》はかたく，その中《なか》にたまごがまもられている。

冬《ふゆ》ごしをするたまごのひみつ

　冬《ふゆ》ごしをするたまごは、いろいろなかたちで寒《さむ》さからまもられています。

　つめたい空《くう》気《き》がながれこまない土《つち》の中《なか》や、木《き》や草《くさ》のくきの中《なか》にうみつけられるものもあります。なかには、外《そと》にはだかでうみつけられるものもあります。でも、そのようなたまごは、からがたいへん厚《あつ》く、気《き》温《おん》があまり変《へん》化《か》しない場《ば》所《しょ》にうみつけられています。

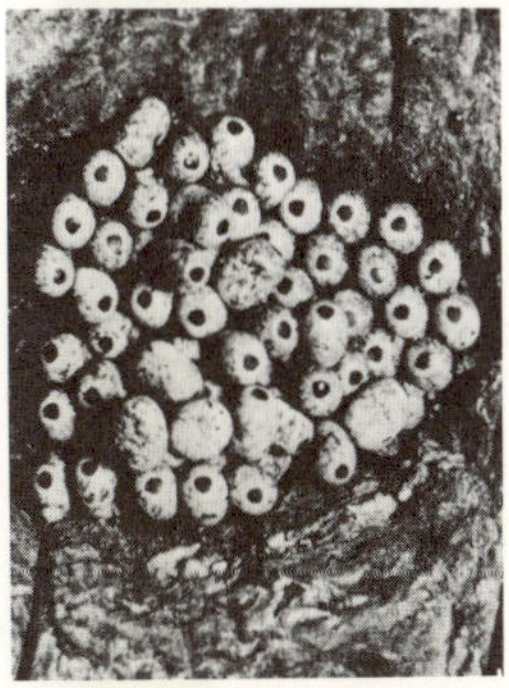

↑木《き》の皮《かわ》の中《なか》にうみつけられたアブラゼミのたまご。

←木《き》のみきに，はだかのままうみつけられたクスサンのたまご。

＊カマキリの成長《せいちょう》

⬆オオカマキリの幼虫《ようちゅう》。成虫《せいちゅう》そっくりのからだつきだが，まだ羽《はね》がない。

⬆オオカマキリの成虫《せいちゅう》。羽《はね》もりっぱにはえて，花《はな》のそばでえものをまつ。

昆虫《こんちゅう》がたまごからかえって成虫《せいちゅう》になるまでに、いちじるしくからだの形《かたち》がかわることを、変態《へんたい》といいます。

シミやトビムシのような原始的《げんしてき》な昆虫《こんちゅう》は、変態《へんたい》をしませんが、チョウやカブトムシなどでは、幼虫《ようちゅう》のときと成虫《せいちゅう》になってからの形《かたち》が、ぜんぜんちがいます。

また、カマキリやバッタのように、成虫《せいちゅう》になってからは羽《はね》がはえるだけで、それ以外《いがい》は幼虫《ようちゅう》のときの形《かたち》とあまりかわらない昆虫《こんちゅう》もいます。

チョウやカブトムシなどは、幼虫《ようちゅう》から成虫《せいちゅう》になるときに、いったんさなぎになってしばらくやすみ、羽化《うか》して成虫《せいちゅう》になります。このような変態《へんたい》のしかたを、完全変態《かんぜんへんたい》といいます。

それにくらべて、カマキリやバッタなどは、幼虫《ようちゅう》がなん回目《かいめ》かの脱皮《だっぴ》をおわると、もう羽《はね》がはえた成虫《せいちゅう》になります。このような変態《へんたい》のしか

チョウの一生《いっしょう》
（完全変態《かんぜんへんたい》）

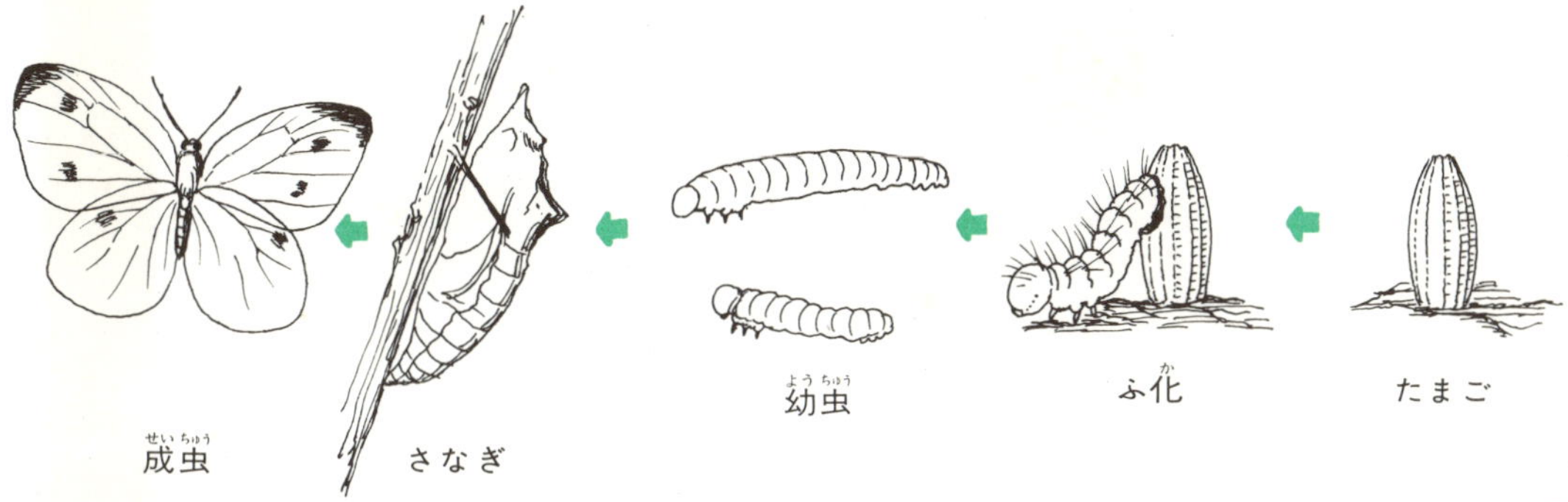
たまご
ふ化《か》
幼虫《ようちゅう》
さなぎ
成虫《せいちゅう》

カマキリの一生《いっしょう》
（不完全変態《ふかんぜんへんたい》）

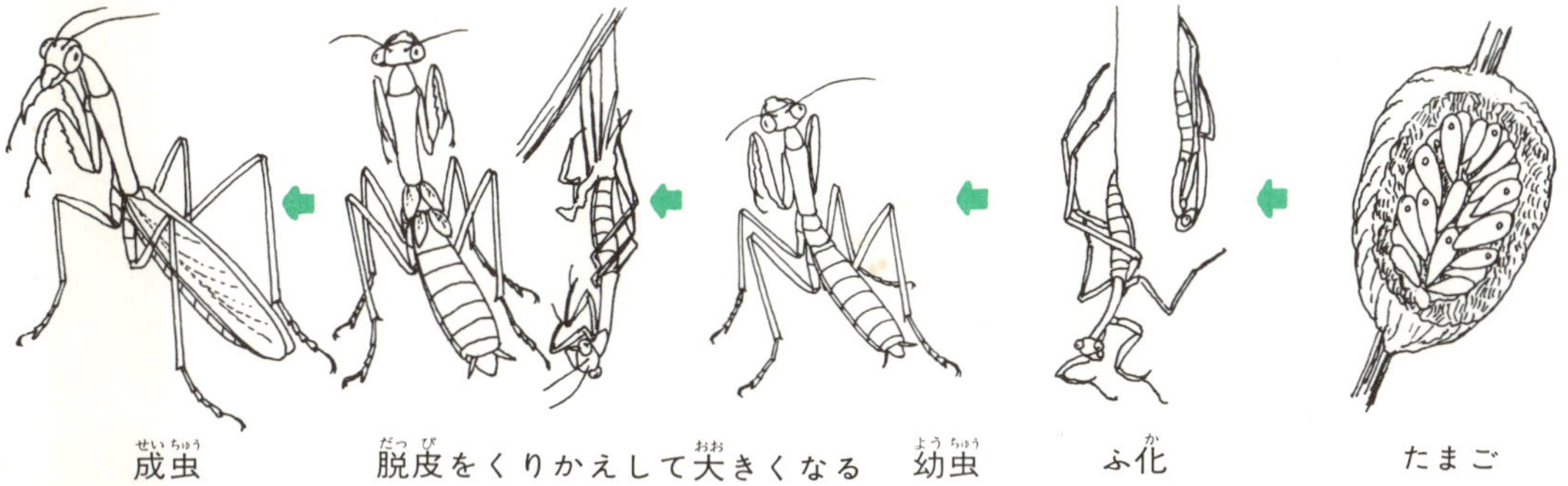
たまご
ふ化《か》
幼虫《ようちゅう》
脱皮《だっぴ》をくりかえして大《おお》きくなる
成虫《せいちゅう》

たを、不完全変態《ふかんぜんへんたい》といいます。

セミやトンボは、幼虫《ようちゅう》のときと成虫《せいちゅう》のときの形《かたち》がぜんぜんちがいますが、さなぎの時代《じだい》がないので、やはり不完全変態《ふかんぜんへんたい》の昆虫《こんちゅう》です。

カマキリの幼虫《ようちゅう》は大《おお》きくなると、翅《し》芽《が》とよばれる小《ちい》さな羽《はね》のような形《かたち》をしたものがはえます。この部分《ぶぶん》に、成虫《せいちゅう》になったときの羽《はね》がおさめられています。幼虫期《ようちゅうき》に、翅芽《しが》がからだの外《そと》にある昆虫《こんちゅう》を外翅類《がいしるい》とよんでいます。


↓完全変態《かんぜんへんたい》をして成虫《せいちゅう》になるモンシロチョウ。

幼虫《ようちゅう》
さなぎ
成虫《せいちゅう》

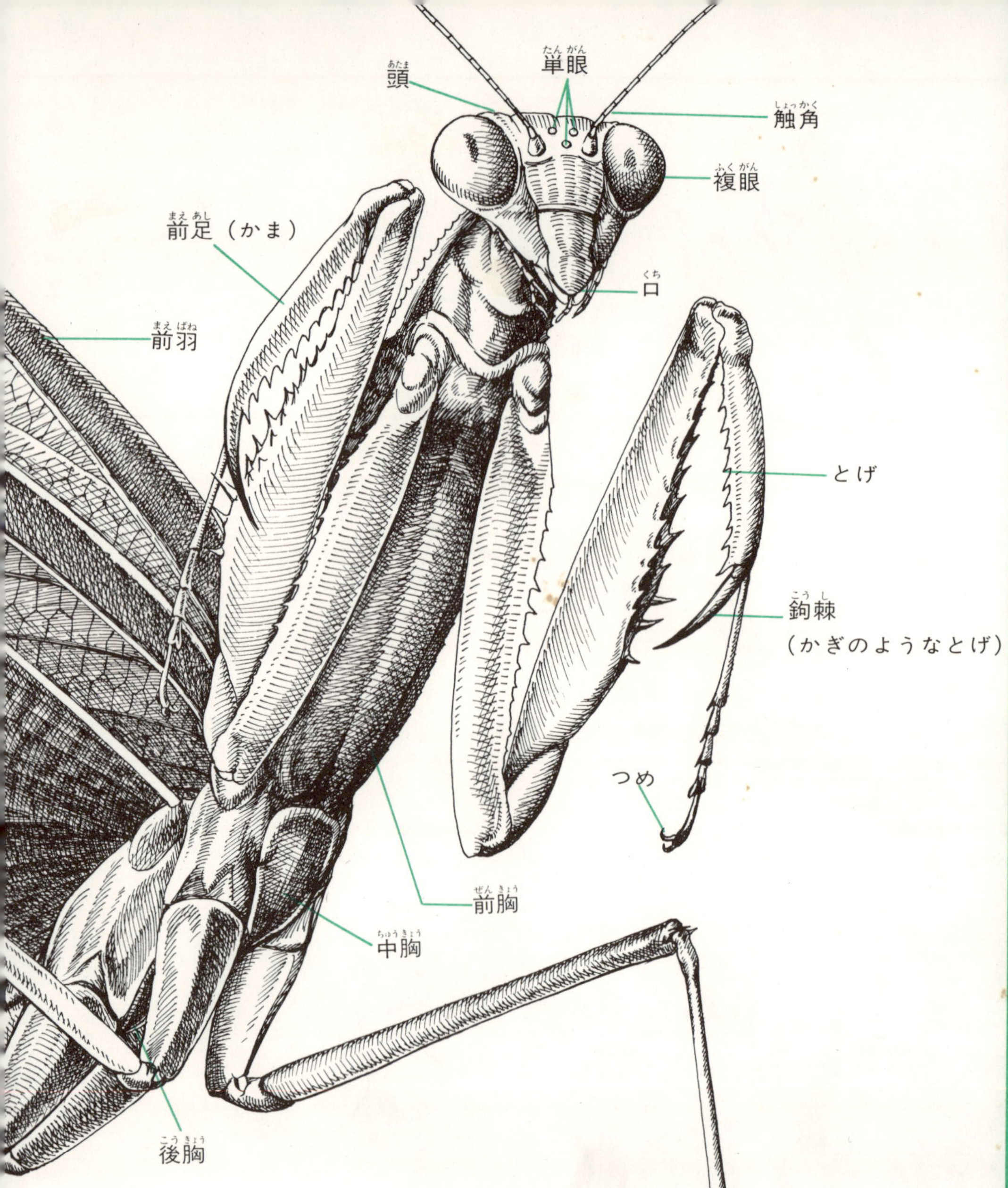
頭《あたま》
単眼《たんがん》
触角《しょっかく》
複眼《ふくがん》
前足《まえあし》（かま）
口《くち》
前羽《まえばね》
とげ
鉤棘《こうし》
（かぎのようなとげ）
つめ
前胸《ぜんきょう》
中胸《ちゅうきょう》
後胸《こうきょう》

●かまのうごきをみてみよう

えものをとらえるとき，
どの部分《ぶぶん》がどううごく
かしらべてみよう。

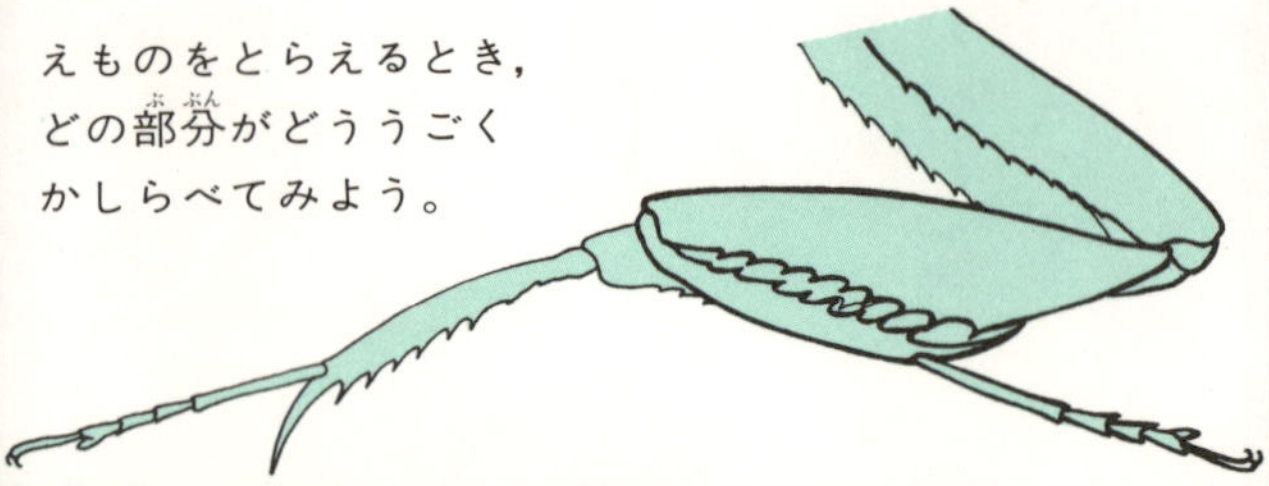

頭《あたま》のうごきをみてみよう

カマキリの頭《あたま》は
よくうごきます。
どんなふうに
うごくかみて
みよう。

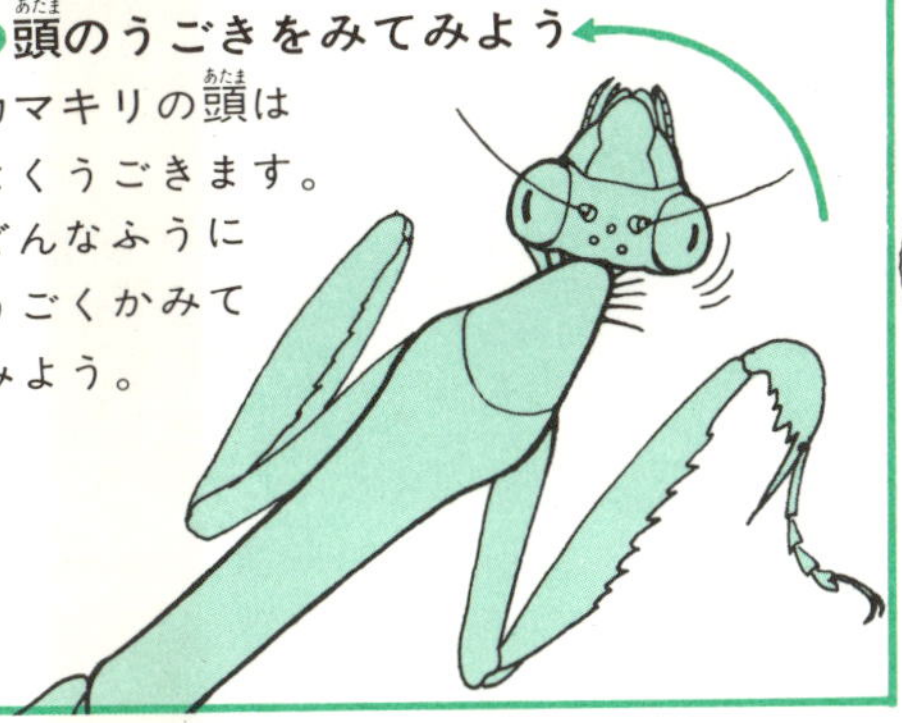

胸《むね》のうごきをみてみよう

胸《むね》のうごきで，かまの向《む》きも
かわります。どんなふうにう
ごくかみてみよう。

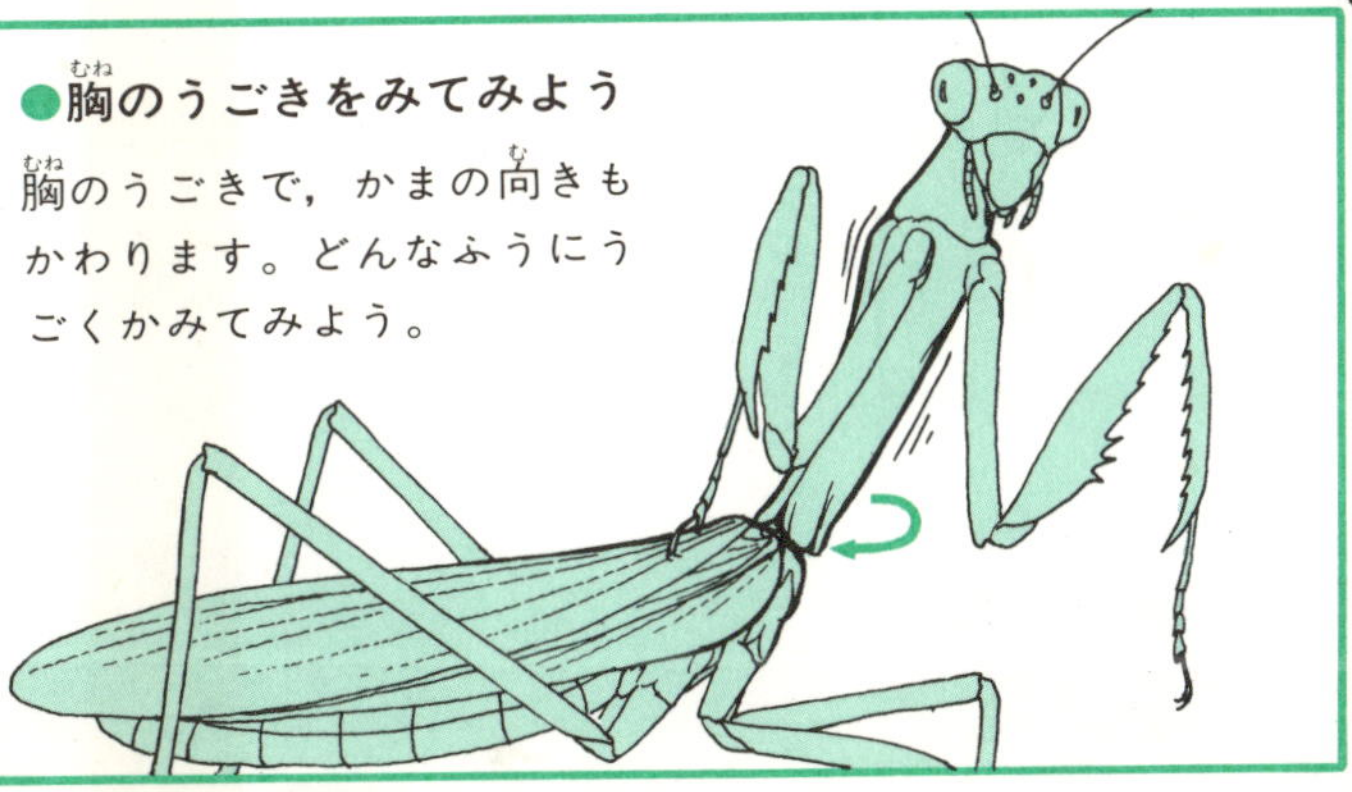

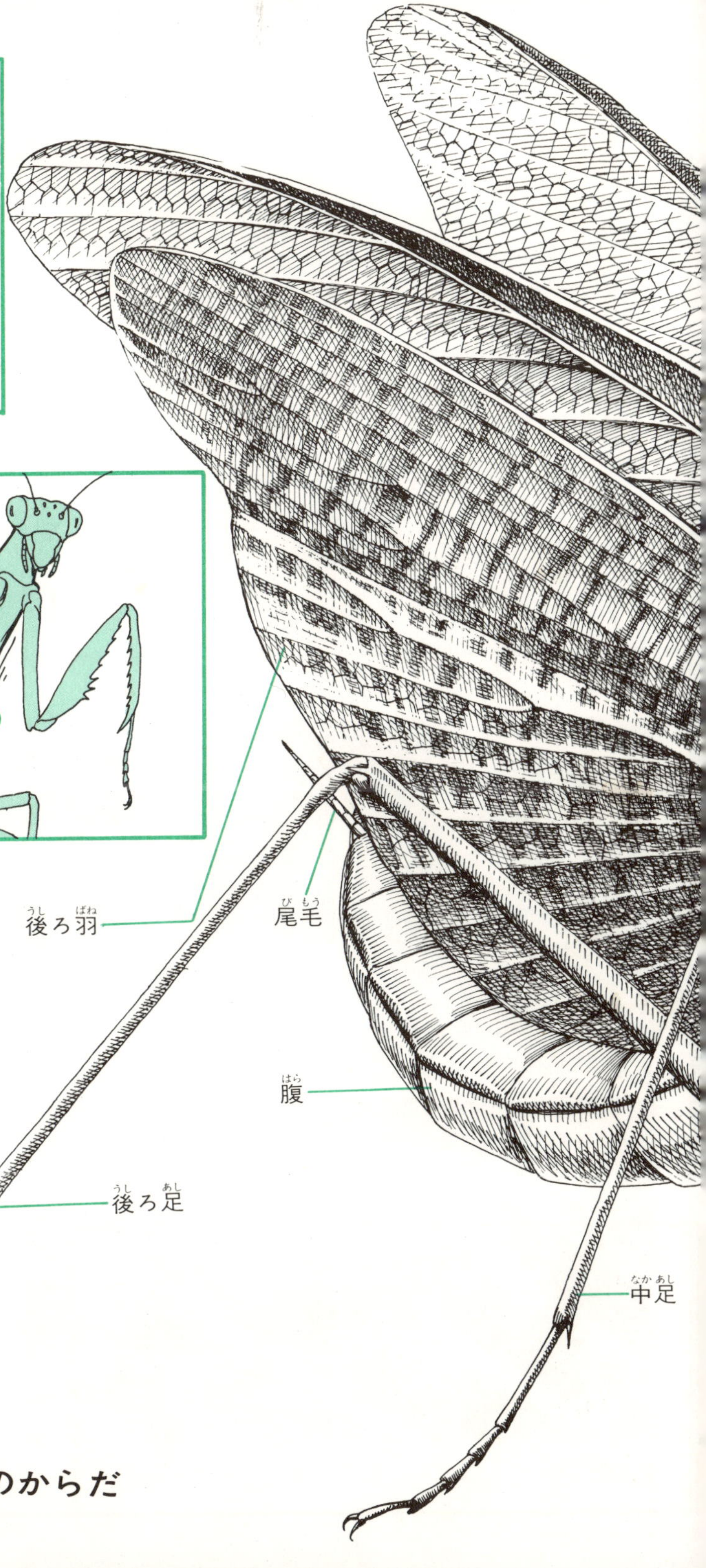

カマキリのからだ

カマキリのからだのとくちょうはなんでしょう。みどり色《いろ》のからだ。ほそくてながい足《あし》。そして大《おお》きくするどい二本《ほん》のかまです。

でも、カマキリににて、おなじようなからだつきをした昆虫《こんちゅう》がほかにもいます。カマキリは、そんな昆虫《こんちゅう》と、いったいどこがどうちがうのでしょうか、しらべてみましょう。

●カマキリとバッタのちがい

カマキリは、色《いろ》やからだつきから、バッタのなかまとまちがえがちですが、まったくちがう種類《しゅるい》の昆虫《こんちゅう》です。カマキリは肉《にく》食《しょく》ですが、バッタは草食《そうしょく》です。ですから、かまがありません。

おなじようなながい後《うし》ろ足《あし》でも、バッタのは、とびはねるための足《あし》ですが、カマキリのは、のそのそはいまわるための足《あし》です。

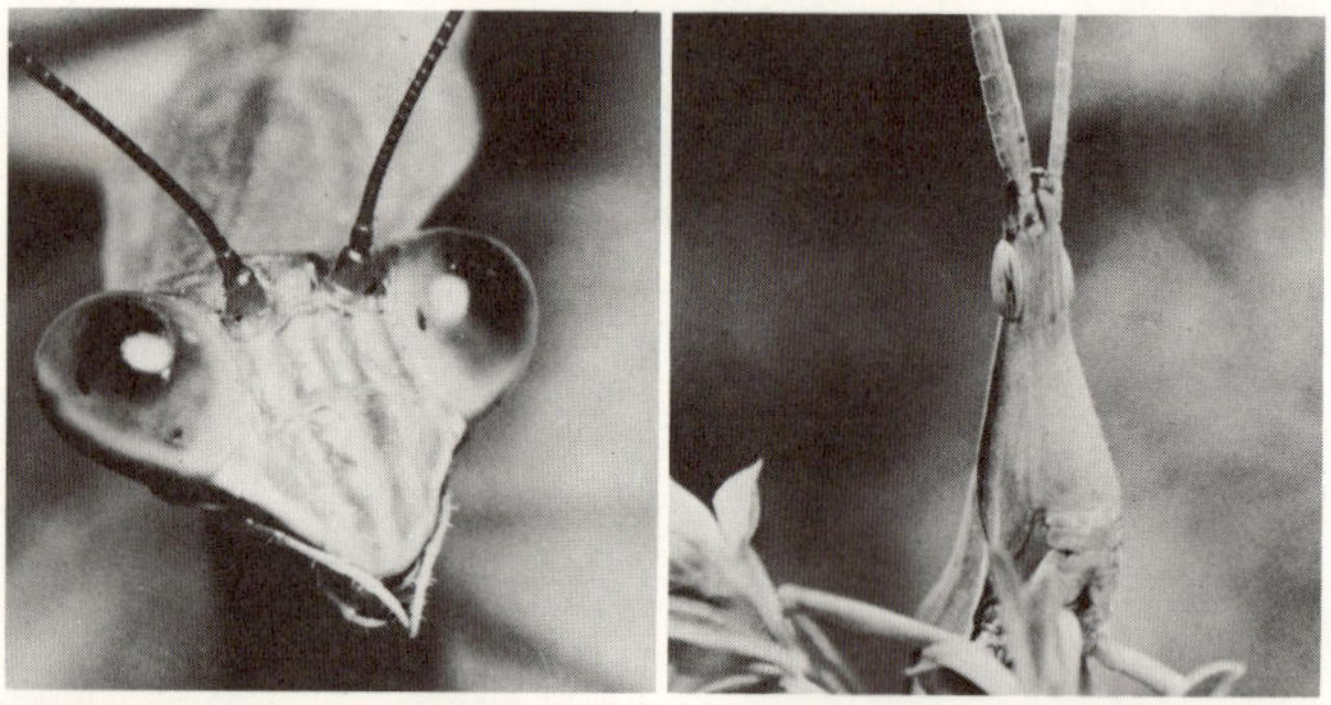

⬆オオカマキリ（左《ひだり》）とショウリョウバッタ（右《みぎ》）の顔《かお》。

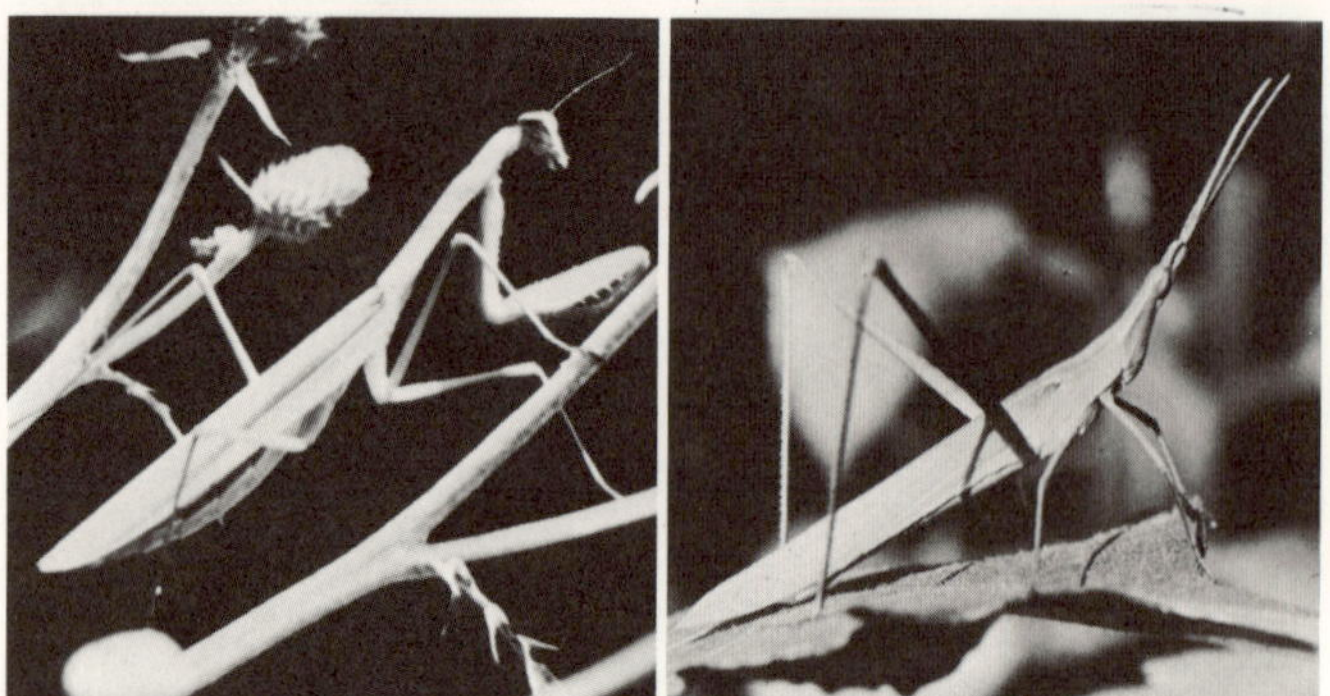

⬆オオカマキリ（左《ひだり》）とショウリョウバッタ（右《みぎ》）のからだ。

カマキリモドキはカマキリのなかま?

カマキリモドキとよばれる昆虫《こんちゅう》がいます。木《き》のえだでまちぶせ、前足《まえあし》のかまで小《ちい》さな昆虫《こんちゅう》をつかまえてたべます。すがたがカマキリとそっくりなので、こんな名前《なまえ》がついていますが、ウスバカゲロウやクサカゲロウなどにちかい昆虫《こんちゅう》です。

また、カマキリモドキは、さなぎの時代《じだい》がある昆虫《こんちゅう》で、幼虫《ようちゅう》の時代《じだい》にもいちじるしくすがたをかえます。

↑カマキリによくにたカマキリモドキ。

ミズカマキリはカメムシのなかま

水草《みずくさ》のしげみにかくれていて、かまで小魚《こざかな》をとらえるミズカマキリもカマキリのなかまではありません。

カマキリのかむ口《くち》とちがって、えものからだから体液《たいえき》をすいとるくだの口《くち》です。ミズカマキリは、水《みず》の中《なか》でくらすカメムシのなかまです。

←前足《まえあし》のかまでえものをとらえたタガメ。タガメも水中《すいちゅう》でくらすカメムシのなかま。

↓えものをまちぶせるミズカマキリ。うごくえものをとらえる。

*カマキリの天敵《てんてき》

↑卵《らん》のうの中《なか》のたまごをたべてそだつカマキリタマゴカツオブシムシの幼虫《ようちゅう》。

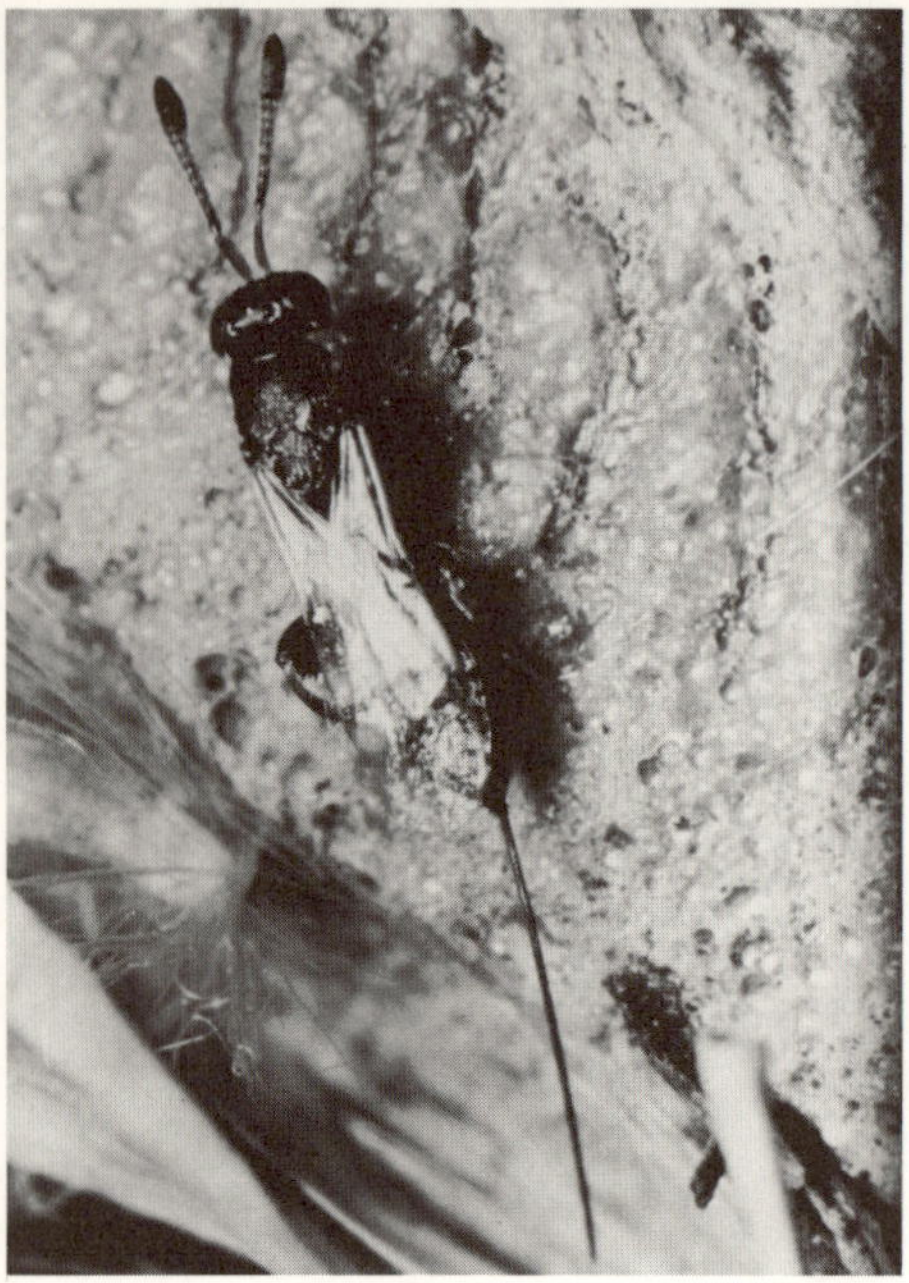

↑おしりにながい産卵管《さんらんかん》をもったオナガアシブトコバチ。

カマキリのたまごは、じょうぶな卵《らん》のうでまもられているので、ぜったいに安全《あんぜん》かというとけっしてそうでもありません。カマキリにも、おそろしい天敵《てんてき》がいます。カマキリタマゴカツオブシムシや、オナガアシブトコバチがそうです。カマキリの卵《らん》のうに寄生《きせい》して、たまごをたべてしまいます。

カマキリタマゴカツオブシムシの成虫《せいちゅう》は、卵《らん》のうにあなをあけて中《なか》にはいり、カマキリのたまごに自分《じぶん》のたまごをうみつけます。そのたまごからかえった幼虫《ようちゅう》は、カマキリのたまごをたべて成長《せいちょう》します。

オナガアシブトコバチは、卵《らん》のうの上《うえ》からおしりにあるながい産卵管《さんらんかん》をさしこみ、中《なか》のカマキリのたまごに自分《じぶん》のたまごをうみつけます。やがて、たまごからかえった幼虫《ようちゅう》は、やはりカマキリのたまごをたべて成長《せいちょう》します。

●ハリガネムシがカマキリに寄生《きせい》する経路《けいろ》

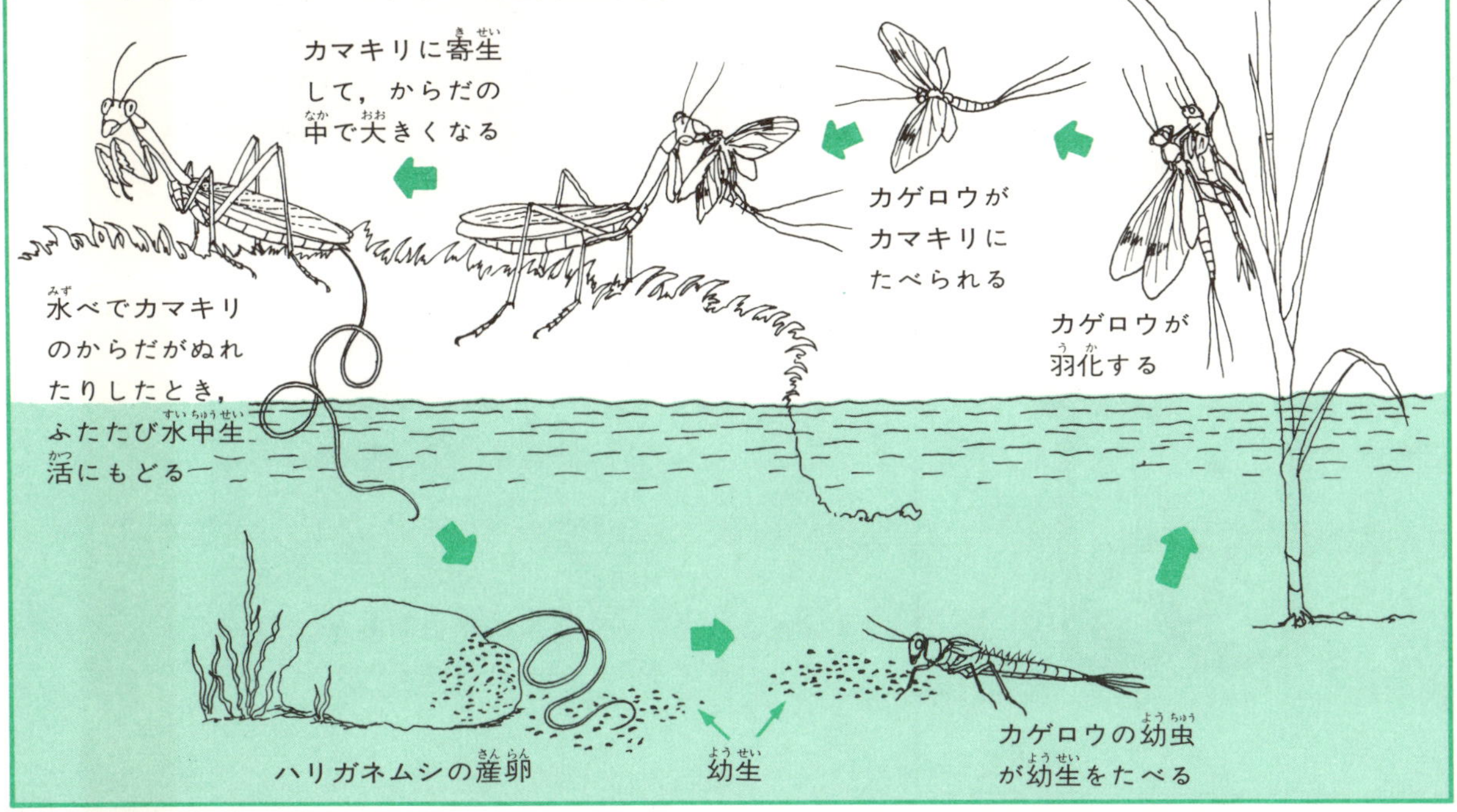
カマキリに寄生《きせい》して，からだの中《なか》で大《おお》きくなる
カゲロウがカマキリにたべられる
カゲロウが羽化《うか》する
水《みず》べでカマキリのからだがぬれたりしたとき，ふたたび水中生《すいちゅうせい》活《かつ》にもどる
ハリガネムシの産卵《さんらん》
幼生《ようせい》
カゲロウの幼虫《ようちゅう》が幼生《ようせい》をたべる

↓ハリガネムシはカマキリ，カマドウマ，オサムシ，ゲンゴロウなどに寄生する。

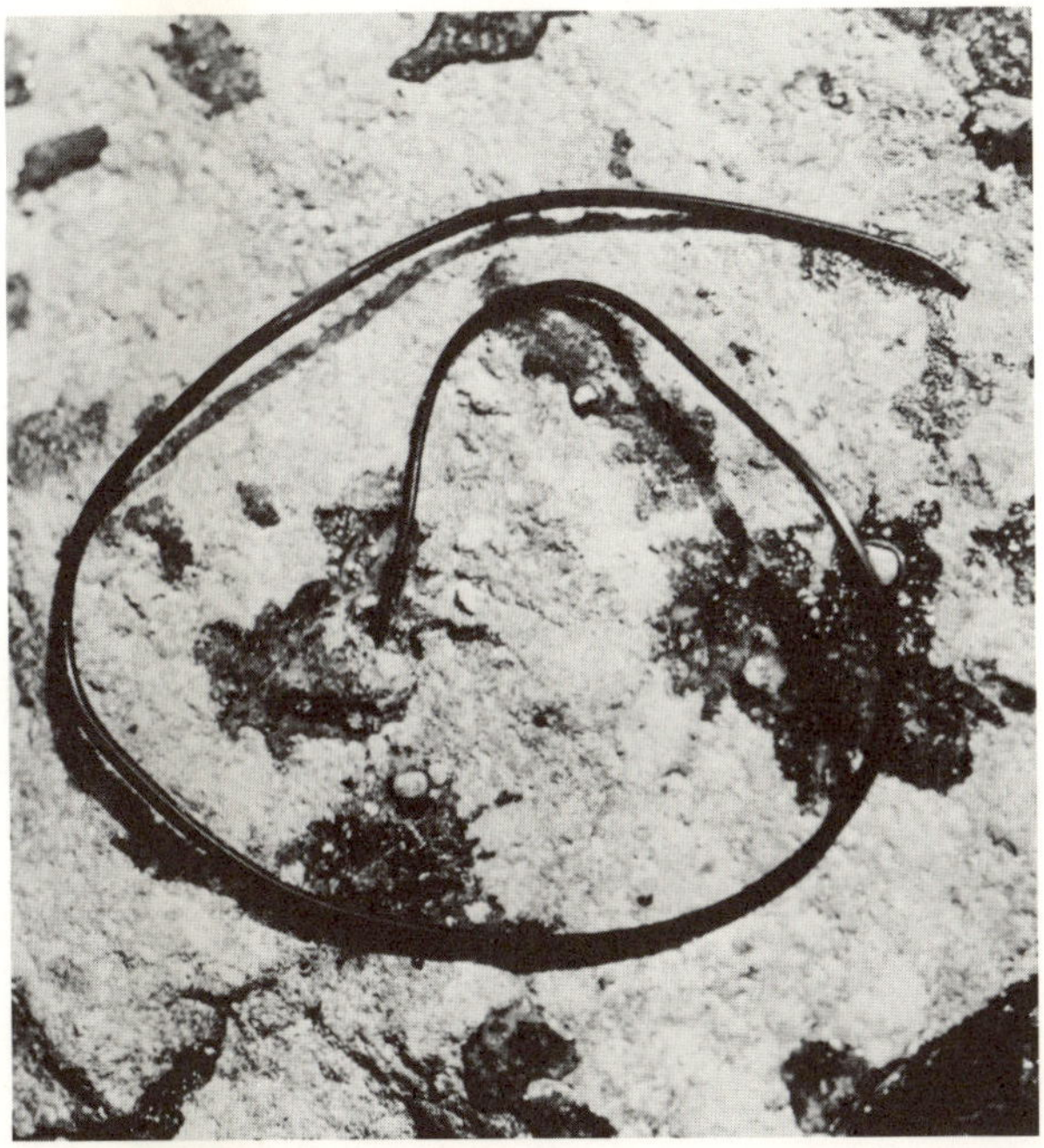

カマキリの成虫《せいちゅう》にも天敵《てんてき》がいます。川《かわ》のちかくにいるカマキリのからだの中《なか》に、黒《くろ》い色《いろ》をしたほそながいはり金《がね》のような虫《むし》がはいっていることがあります。ハリガネムシとよばれていますが、昆虫《こんちゅう》ではありません。回虫《かいちゅう》などとおなじ線形動物《せんけいどうぶつ》のなかまです。

ハリガネムシのなかまは、幼時期《ようじき》に昆虫《こんちゅう》のからだに寄生《きせい》し、成長《せいちょう》すると昆虫《こんちゅう》のからだをでて、川《かわ》、水田《すいでん》、池《いけ》などで水中生活《すいちゅうせいかつ》をします。

＊カマキリの飼育《しいく》とかんさつ

●カマキリのじょうずな飼《か》い方《かた》

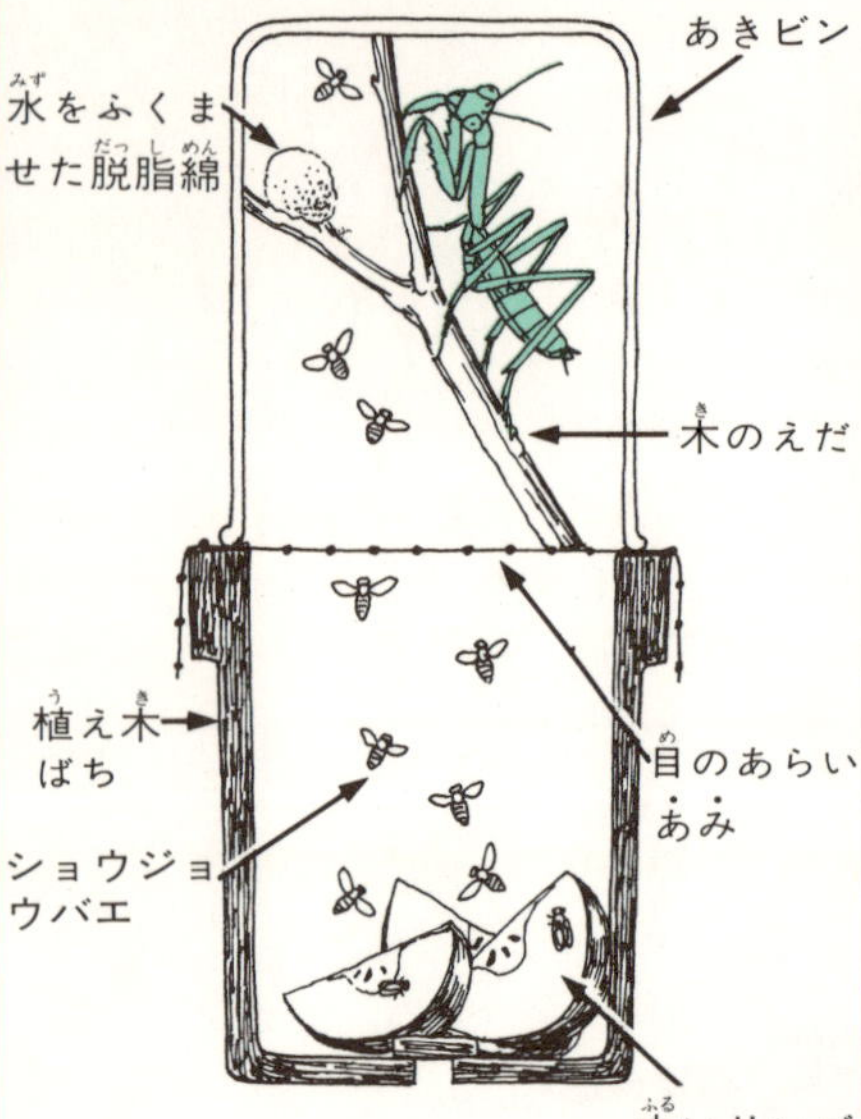
あきビン
水《みず》をふくませた脱脂綿《だっしめん》
木《き》のえだ
植《う》え木《き》ばち
目《め》のあらいあみ
ショウジョウバエ
古《ふる》いリンゴ

※ほかのえさもときどきやった方《ほう》がよい

⬆オオカマキリのいかく。敵《てき》にであったり，おどしたりすると，羽《はね》をひろげていかくすることがある。

カマキリは、うごくものしかたべません。だから、いきている昆虫《こんちゅう》をやることがポイントです。それには、上《うえ》の図《ず》のように飼育《しいく》ばこをくふうするとうまくいきます。

カマキリは、うごくものならなんでもとびつきます。いきている昆虫《こんちゅう》が、手《て》にはいりにくかったら、小《ちい》さくきった肉《にく》、ソーセージ、魚《さかな》のなま肉《にく》などをほそい糸《いと》かぼうの先《さき》につけて、カマキリの目《め》の前《まえ》でうごかしてやりましょう。

カマキリの小《ちい》さい幼虫《ようちゅう》は、おくびょうで、えさをやってもなかなかたべません。飼育《しいく》には、体長《たいちょう》が五センチメートルより大《おお》きくなったものがよいでしょう。

カマキリは、うごくものならなかまでもたべてしまいます。これをともぐいといいます。ともぐいをさけるためには、成虫《せいちゅう》はもちろん、幼虫《ようちゅう》を飼《か》う場合《ばあい》でも一ぴきずつ飼《か》いましょう。

えさでためしてみよう

外《そと》でカマキリをみつけたら、ぼうの先《さき》に糸《いと》をくくりつけ、その糸《いと》にいろんなものをさげて、カマキリの目《め》の前《まえ》にだしてみましょう。そーっとだしてみたらどうするか、うごかしてみたらどうするか、虫《むし》や肉《にく》や木《き》の葉《は》をつかってためしてみましょう。

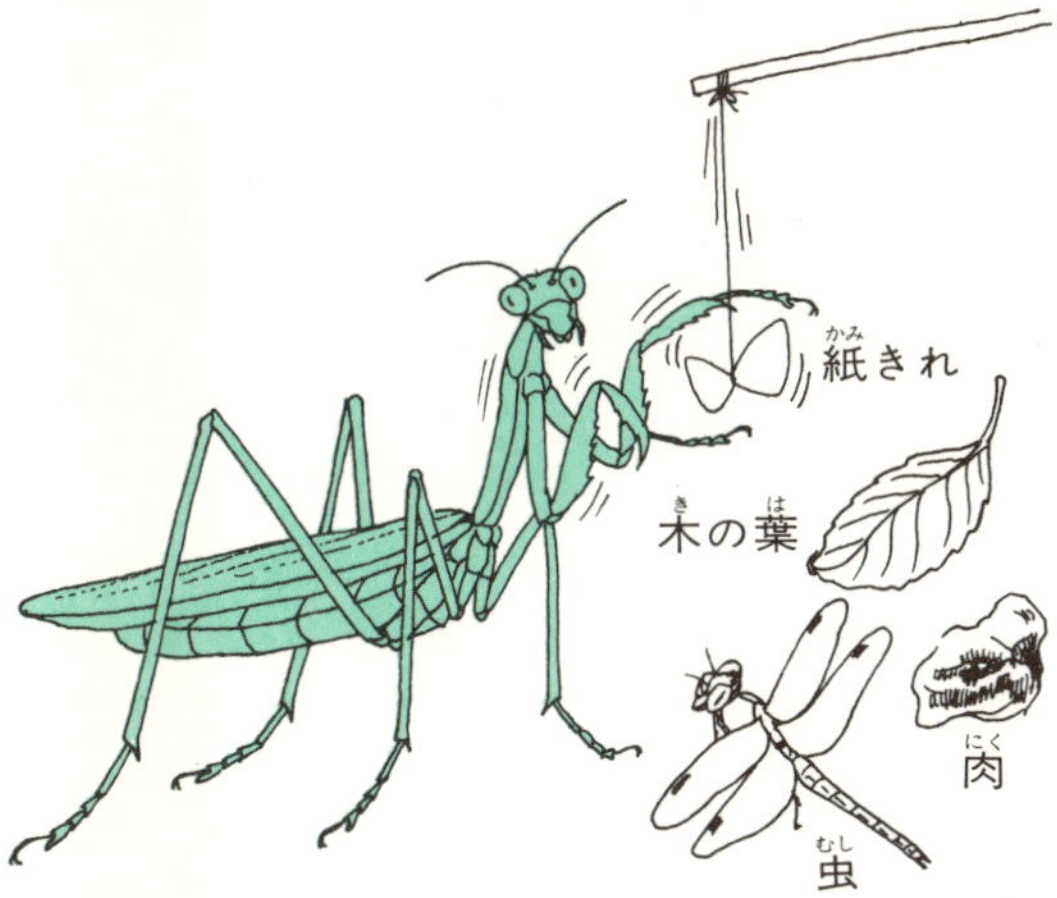

脱皮《だっぴ》をみてみよう

カマキリに、いくらえさをやってもたべなくなることがあります。これは、脱皮《だっぴ》がちかいときに多《おお》く、二日《か》ほど絶食《ぜっしょく》します。脱皮《だっぴ》は頭《あたま》を下《した》にしてえだにとまり、ぶらさがった状態《じょうたい》でします。とまり木《ぎ》になるえだをいれてやり、脱皮《だっぴ》をかんさつしましょう。

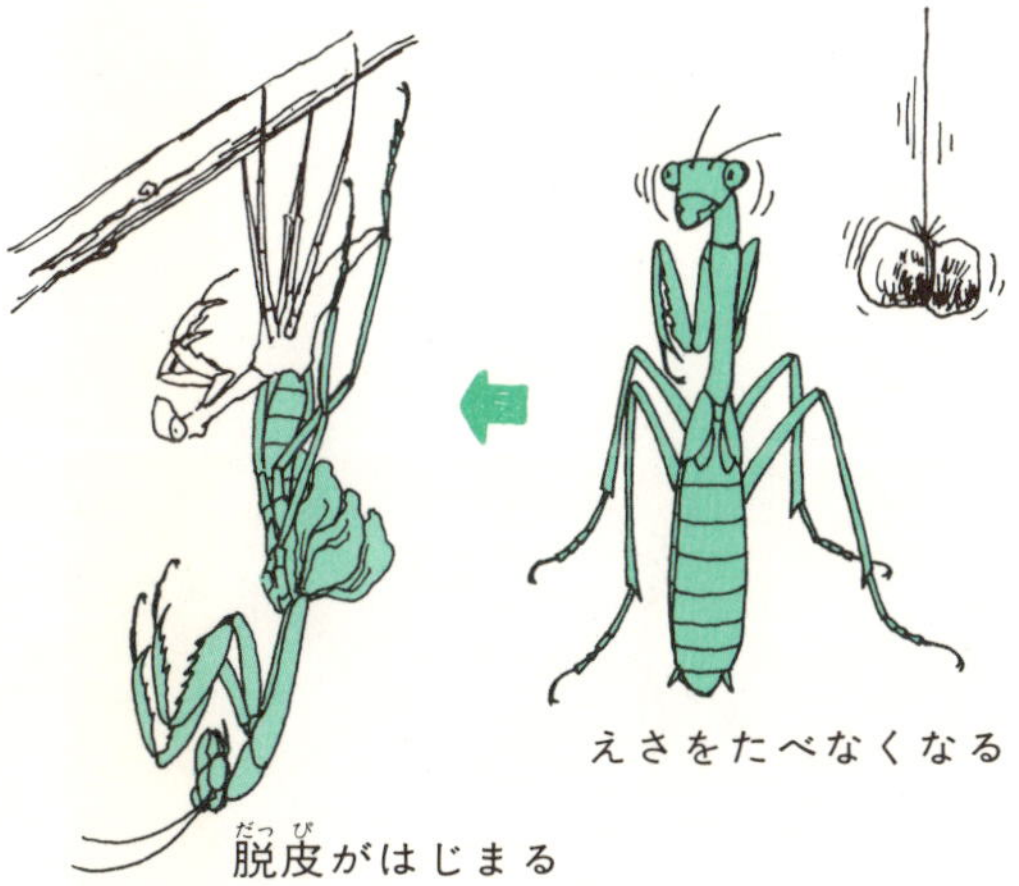

産卵《さんらん》をみてみよう

秋《あき》になっておなかが大《おお》きくふくらんだカマキリをみつけたら、つかまえて飼育《しいく》ばこにいれてえさをやります。毎日《まいにち》みていると、やがてたまごをうみはじめます。カマキリがどのようにしてたまごをうんでいくか、くわしくかんさつしてみましょう。

めすは顔《かお》がまるくて，からだが大《おお》きい。
おすは顔《かお》がほそくて，からだが小《ちい》さく，
やせている。

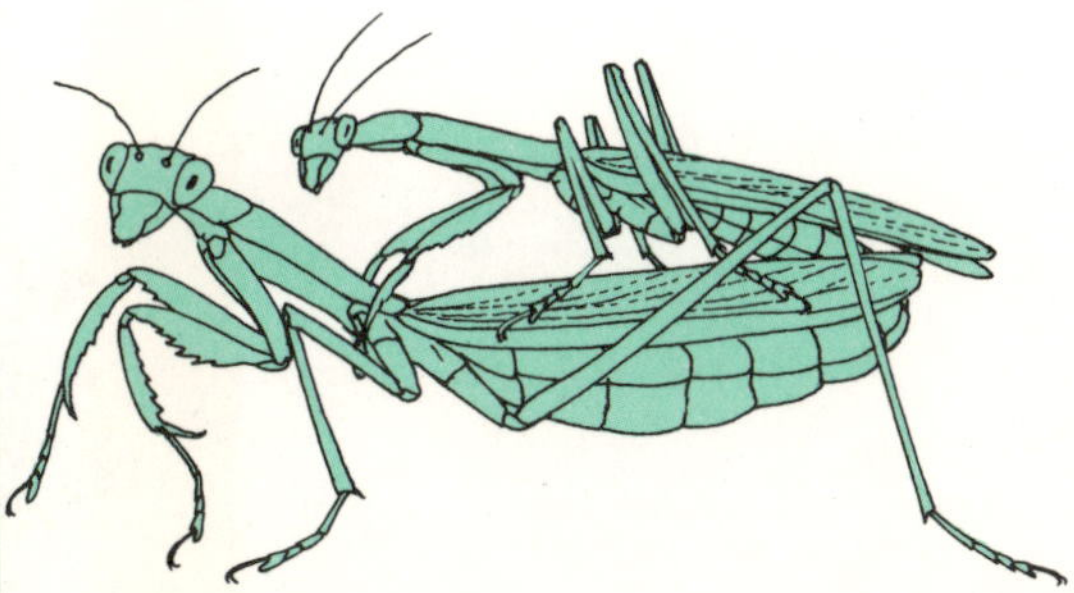

あとがき

この本《ほん》をつくるにあたって、オオカマキリ四ひきが、わたしといっしょにたいへんな大旅行《だいりょこう》をしました。

冬《ふゆ》に千葉県《ちばけん》で採集《さいしゅう》してきた卵《らん》のうが、春《はる》、ホタルの撮影《さつえい》で九州《きゅうしゅう》にでかけたとき、大分県《おおいたけん》でうまれたのです。そして一か月《げつ》くらいして東京《とうきょう》に帰《かえ》るとき、幼虫《ようちゅう》四ひきもいっしょにつれて帰《かえ》りました。東京《とうきょう》のわたしの家《いえ》で何度《なんど》も脱皮《だっぴ》をして大《おお》きくなり、羽化《うか》して成虫《せいちゅう》になったオオカマキリは、夏《なつ》にまた、わたしといっしょに九州《きゅうしゅう》まで行《い》きました。家《いえ》から川崎《かわさき》まで自動車《じどうしゃ》で行《い》き、カーフェリーにのって宮崎県《みやざきけん》まで行《い》き、さらに自動車《じどうしゃ》で九州《きゅうしゅう》を横断《おうだん》して長崎県《ながさきけん》まで行《い》きました。

わたしはいろいろな昆虫《こんちゅう》の生活《せいかつ》を撮影《さつえい》するために、日本中《にっぽんじゅう》どこにでも行《い》きますが、飼《か》っている昆虫《こんちゅう》が、いつどこでたまごをうんだり、脱皮《だっぴ》をするかわからないので、こうしていっしょに旅行《りょこう》をするのです。

長崎《ながさき》まで行《い》ったオオカマキリは、そこで一ぴき死《し》にましたが、三びきはまた、もときた道《みち》を東京《とうきょう》まで帰《かえ》ってきました。そして、二ひきのめすが、庭《にわ》の片《かた》すみのツゲの木《き》にたまごをうんで、しばらくして死《し》んでいきました。九州《きゅうしゅう》を二往復《おうふく》、約《やく》五千《せん》キロメートルも旅行《りょこう》をしたオオカマキリは、ほかにはいないだろうと思《おも》います。

栗林《くりばやし》 慧《さとし》

科学のアルバム51

カマキリのかんさつ

■ 著 者
栗林《くりばやし》 慧《さとし》
■ 発行者
岡本雅晴
■ 印 刷
株式会社 精興社
■ 写 植
株式会社 田下フォト・タイプ
■ 製 本
中央精版印刷株式会社
■ 発行所
株式会社 あかね書房
101 東京都千代田区西神田3－2－1
電話 東京(3263)0641(代)

1997年5月発行

NDC486

栗林 慧
カマキリのかんさつ
あかね書房 1997
54P 23×19cm (科学のアルバム51)

ISBN4-251-03351-5

科学のアルバム

全国学校図書館協議会推薦・基本図書
サンケイ児童出版文化賞大賞受賞

● 虫

モンシロチョウ
アリの世界
カブトムシ
アカトンボの一生
セミの一生
アゲハチョウ
ミツバチのふしぎ
トノサマバッタ
クモのひみつ
アシナガバチ
カマキリのかんさつ
鳴く虫の世界
カイコ まゆからまゆまで
テントウムシ
クワガタムシ
カミキリムシ
ホタル 光のひみつ
オオムラサキ
高山チョウのくらし
昆虫のふしぎ 色と形のひみつ
ギフチョウ
水生昆虫のひみつ

● 鳥

シラサギの森
タンチョウの四季
ライチョウの四季
ツバメのくらし
たまごのひみつ
ウミネコのくらし
フクロウ
カラスのくらし
キツツキの森
モズのくらし
ハヤブサの四季

● 動物

カエルのたんじょう
カニのくらし
いそべの生物
ニホンカモシカ
サンゴ礁の世界
海の貝
ムササビの森
カタツムリ
モリアオガエル
エゾリスの森
シカのくらし
ネコのくらし
ヘビとトカゲ
森のキタキツネ
サケのたんじょう
コウモリ
カメのくらし
メダカのくらし
ヤマネのくらし
ヤドカリ

● 地学

雲と天気
きょうりゅう
しょうにゅうどう探検
雪の一生
火山は生きている
水 めぐる水のひみつ
塩 海からきた宝石
氷の世界
鉱物 地底からのたより
砂漠の世界

● 植物

アサガオ たねからたねまで
食虫植物のひみつ
ヒマワリのかんさつ
イネの一生
高山植物の一年
サクラの一年
ヘチマのかんさつ
サボテンのふしぎ
リンゴ くだもののひみつ
ツクシのかんさつ
キノコの世界
たねのゆくえ
コケの世界
ジャガイモ
植物は動いている
水草のひみつ
紅葉のふしぎ
ムギの一生
ユリのふしぎ
ドングリ
花の色のふしぎ

● 天文

月をみよう
星の一生
太陽のふしぎ
星座をさがそう
惑星をみよう
星雲・星団をみよう
彗星 ほうき星のひみつ
惑星の探検
流れ星・隕石

● 別巻

夏休み昆虫のかんさつ
夏休み植物のかんさつ
四季のお天気かんさつ
四季の野鳥かんさつ